迫り来る食糧危機

食の「安全」保障を考える

田中豊裕

大学教育出版

はじめに

食糧に対する関心がいままで以上に高くなっている今日、食糧危機がクローズアップされている。先進国の中で食糧自給率が極端に低い日本は、食糧の多くを海外に依存している。食糧の安全保障が将来の国運、国民生活に死活的な影響を及ぼす。今ではほとんど忘れ去られているが、戦後の荒廃期、食糧不足でひもじい思いをした。サツマイモのつるまで食べて飢えをしのいでいた。アメリカの救援物資を複雑な思いで口にした。

復興への強い思いとなみなみならない努力と忍耐の結果、日本は戦後の荒廃から早々に復興し、短い期間で世界第二の経済大国になった。飢えから解放され豊かな食生活が送れるようになり、いまは飽食の時代で、食糧の無駄、廃棄が日常的になった。戦後間もないころを知っている人間にとって予想もしなかった現実に驚きを隠せない。お金でなんでも食べたいものをいつでも買うことができる時代になった。しかしこれからはどうなのか?

途上国や新興国における人口の急増や、急激な経済発展による食糧需要は膨張している。一方では地球温暖化の影響で異常気象の発生が頻発し、食糧生産を不確実なものにしている。土地の劣化や砂漠化による農地の減少などが食糧生産に悪影響を及ぼしている。食糧供給のゆがみ、不均衡からのしわ寄せが食糧不安を増長させており、これが引き金で途上国では内紛や戦争まで勃発する危険な状態である。迫り来る食糧危機に備えなくてはならない。

同時に食の安全・安心が問われる時代になった。多用される農薬、食品添加物、化学薬品さらには遺伝子組み換え作物、経済性を追求した家畜薬品の多用、食品の放射線照射など食の安全に危険信号がともっている。また一方では、頻発する食品の偽装問題が深刻である。消費者は何を信用すればよいのか。食の安全・安心は結局自分で守らなければならない。もはや他力本願では自分の生命や健康が守れないのである。

われわれが毎日食べる食品は一〇〇パーセント安全ではない。常に安全上のリスクが存在する。そのリスクを最小限にとどめることが重要で、そのためには食に対するオールラウンドな知識を得る努力を惜しまないことである。そして風評や間違った情報に惑わされることなく、科学的で正確な情報を入手して食育を構築することである。生きるためには食べなくてはならない。限られた選択肢の中でどのような選択をするかが問われている。

安全で安心できる食糧の長期的な確保は国の最重要政策である。貿易自由化はどんどん進行し、日本は農作物市場を一層開放しなくてはならない。外国の人、モノ、金の流れが今後日本を一層巻き込んでいく。この世界の流れから孤立することはできない。その中で、信頼できる安全・安心な食糧を供給できる国・地域との連携が重要になる。その選択肢の重要なひとつに、いままで半世紀以上にわたり日本が戦後の荒廃から復興し経済大国になった原動力として大きな貢献をしてきたオーストラリアとのパートナーシップを、真摯に再構築する時期に来ている。

食糧の安全保障は一国ではその目的を達することができない。まずはアジア地域での食糧安全保障を関係各国と協力して構築する必要がある。そのために、アジア地域において赤道を挟んで南北の端に位置し、自由主義経済・民主主義・人権などの価値観を共有する先進国であるオーストラリアと日本は重要な使命を担っている。

二〇一五年二月二〇日

著者

迫り来る食糧危機――食の「安全」保障を考える――

目次

迫り来る食糧危機 ―食の「安全」保障を考える―

第一章　迫り来る食糧危機

一　日本の食糧事情

日本人は全体で六〇〇〇万トンの食糧を消費する。一人当たりになおすと年間約五〇〇キログラムで一日一・三六キログラムになる。これは世界全体が生産する食糧の五パーセントに当たる。加えてわれわれが食用にしている家畜類が年間六〇〇〇万トンの食糧を消費する。合わせると日本の食糧消費は年間で一億二〇〇〇万トンを超える。日本の食糧自給率は三九パーセント（カロリーベース）といわれるので、消費される食糧の六〇パーセントを外国から輸入していることになる。日本は、先進国では食糧の輸入依存度が最も高く、食糧輸入大国である。食糧輸入は約一〇兆円に上り、野菜の一部を除いてほとんどすべての食糧品が一〇〇か国以上の国から輸入されている。

日本においては戦後、食生活の洋風化が急速に進んだ。日本では昔から主食（米）を中心とした食生活であったが、戦後副食の割合が増え、特に畜産物（肉、乳製品、卵など）や油脂の消費が増えてきた。自給率の高い米の消費が減り、自給率の低い畜産物や油脂の消費が増えてきたことにより、食糧全体の自給率が低下したのである。その結果昭和四〇年度には七三パーセントだった自給率が、平成二五年度には三九パーセントにまで落ち込んだ。

過去半世紀を振り返ってみると、米の消費は半減し、畜産物の消費が急増した。牛肉が七倍、豚肉が五倍、鶏肉が七倍、鶏卵が二倍、牛乳が三倍となっている。この需要を満たすために家畜類が増え、冒頭で述べたように飼料需要が膨張した。

農林水産省（以下、農水省）が毎年発表している食糧需給表によると、食糧需要が最も大きいのは穀物で米、小麦、大麦、トウモロコシなどである。国内生産量は一〇〇〇万トン足らずで、そのほとんどが米である。小麦、大麦は約九〇パーセント、トウモロコシにいたっては、ほぼ一〇〇パーセント輸入に依存しているのが現状である。輸入される穀物は全部で二六〇〇万トンに上っている。トウモロコシなどの家畜飼料の大半も輸入しているので、このことを考慮に入れると自給率はさらに低下する危機的な状況である。まずはこの認識から始まる。

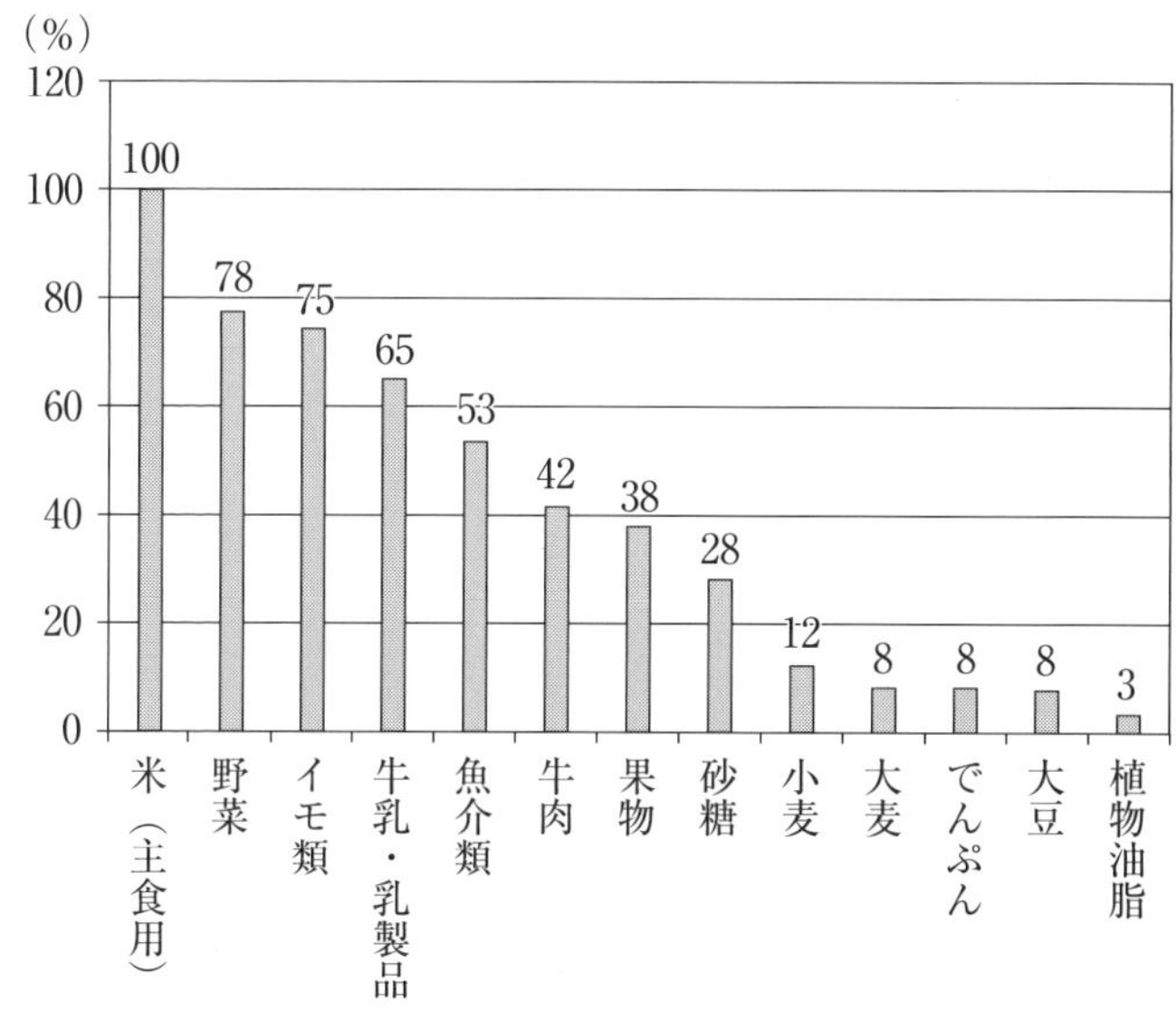

図１　日本の食糧自給率
（農水省の統計を参照して作成）

二　食糧の過度な海外依存

世界各国の事情と比較すると、日本の食糧自給率が大変低いことがよく分かる。たとえば現在の日本の穀物自給率は二八パーセントで、一七五か国中一二四番目に低く、先進国においても二九か国中二六番目である。ほかの国の食糧自給率をみてもオーストラリア二四五パーセント、カナダ一七三パーセント、アメリカ一二三パーセントで、これらの国は食糧輸出大国になっている。

平成二四年度の国民一人・一日当たりの供給熱量は、二四三〇キロカロリーとなった。カロリーベースの食糧自給率を品目別にグラフ（図1）で表した。このグラフで分かるように、米以外の小麦や大麦などの穀物、植物油脂の自給率が極端に低く、ほとんどを海外からの輸入に依存している。野菜、果物、魚介類なども半世紀前までは国内で一〇〇パーセント供給されていたが、現在はグラフで示されているように低い自給率水準になっている。
　食糧をこれほど海外に依存している現状に危機感を覚えるのは筆者だけではないだろう。将来の食糧確保が難しくなる可能性が高くなっている。その要因について次に検証する。

三　食糧危機を考える

　食糧危機はさまざまな要因によって起こり得る。その代表的なものとして需給面と政治・経済的な側面がある。

需要面

　世界の人口が七〇億人を突破し、二〇五〇年には九〇億人を超えると予測されている。一九七〇年の世界の人口が三七億人であったことを考えれば、爆発的な増加になっている。この人口増による食糧需要に供給が追いつかない状態である。地域によっては食糧が十分にいきわたらないので、いわゆる飢餓人口が九億人に達しているという現状である。特に発展途上国や新興国に集中している。このため途上国では年間八〇〇万人の子どもが栄養失調で、五歳になるまでに命を落としているという国際連合（以下、国連）食糧農業機関の報告がある。

また新興国や発展途上国での所得は、過去一〇年で先進国の三倍を上回るスピードで増えた。この結果、食生活が従来の炭水化物主体から動物性たんぱく質に移行し、肉や乳製品の消費が増えてきた。新興国の中でも人口増加、所得増加が著しい中国やインドで動物性たんぱく質を含む食糧の需要が急速に拡大している。中国では豚肉を中心に肉の消費量がこの三〇年の間に一人当たり一八キログラムから五四キログラムへと三倍増加した。それに従って畜産物生産用の飼料需要が急増している。しかしその家畜の飼料になる大豆の国内生産が追いつかず、いまでは世界の大豆輸入量約一億トンの六〇パーセントに当たる約六〇〇〇万トンを輸入している。

もちろん大豆のみならずトウモロコシの輸入も急増している。一キログラムの食肉を生産するのに豚肉の場合、トウモロコシだけでも七キログラムが必要である。牛肉にいたっては一一キログラムも必要になる。当然飼料需要が拡大する。一人当たりの食肉消費量が一キログラム増えると、平均して九キログラムのトウモロコシが必要になる。これに中国の人口一三・六億人（二〇一三年）をかけると一二〇〇万トンの供給が余分にいることになり、世界の穀物需給に大きなインパクトを与える。結果、価格がどんどん高くなって、買いたくても買えない事態も起きてくる。

すでに述べたように中国は国内生産だけでは需要を満たすことができず、大豆に加え二〇一〇年アメリカからトウモロコシの輸入を開始した。この年は一五〇万トンであったが翌年には四〇〇万トンに膨れ上がり、二〇二〇年までには一五〇〇～二〇〇〇万トンを輸入するようになると予測されている。現在日本が一六〇〇万トン、メキシコが九二〇万トン、韓国が七七〇万トン、エジプトが五六〇万トンを輸入している。これに中国が加わると、異常な需給状況に発展する可能性がある。さらに香港や台湾なみの七五キログラムに食肉消費が伸びていけば、穀物需要量は爆発的に増加していく。末恐ろしい未来が待っているような気がする。

最近よく指摘されるのが、一九七〇年代のオイルショック後に注目され大きく伸びた燃料用バイオエタノールの需要増である。バイオエタノールを生産するのに大量のサトウキビやトウモロコシなどが使われる。米国のバイオ燃料政策では二〇〇七年のエネルギー法により、燃料業者はガソリンにエタノールを一定比率以上混合することが義務付けられた。現在、トウモロコシ生産量の四割をバイオエタノール生産の原料に使っている。過去五年の間に三倍も増加しているのである。

トウモロコシといえばアメリカである。世界総生産量九・六億トンの内、輸出に回されている一億トンの三二パーセントをアメリカが占めている。遺伝子組み換えで生産効率を高め増収の成果がでてはいるが、価格の高騰と各国間での資源争奪戦がまさに始まろうとしている。

農水省が二〇二〇年における世界の食糧需給の見通しについて予測結果を公表している。キーになるポイントは次のとおりである。

・穀物の消費量が二〇二〇年には二七億トンに達する。
・需要の伸びに生産が追いつかず、期末在庫量が低下する。
・穀物価格は二四～三五パーセント上昇する。
・アジア、アフリカ、中東では消費の伸びに生産が追いつかず、純輸入量が拡大する。それに対応するために北米、中南米、欧州、オセアニアは純輸出量を拡大させる。
・肉の消費量は新興国で引き続き増加し、価格は三二～四六パーセント上昇する。

世界の穀物生産量は現在約二四億トンなので、二〇二〇年までに三億トンの増産が要求される。現在の日本の穀物（米が主体）生産が約一〇〇〇万トンなので、この三〇倍の食糧が余計に必要になるということである。現在世界の期末在庫は約二〇パーセントであるが、トウモロコシ、大豆などの在庫は中国など限られた国に片寄っている。それ以外の国では在庫レベルが低く、懸念されている。

この農水省の見通しは次に検証する供給面でのさまざまな要因を十分に考慮したものではなく、世界の食糧供給能力が悪化する可能性が大であることも認識しておくべきである。

供給面

今度は供給面での要因が食糧危機を誘発する可能性について考えよう。地球の温暖化現象の影響で天候異変が起きている。今まで以上に厳しい干ばつを頻発させ、熱波やサイクロンの多発により畜産、農業などに甚大な影響を及ぼしている。頻発する干ばつによって作物の生育、生長時期などにも狂いが生じ、穀物生産が大きなダメージをこうむっている。かってのようには天候が予測できず運に任せられているため、農業で生計を立てている人たちの生活が不安定になっている。ここ一〇年の間にも、ロシア、アメリカ、ブラジル、オーストラリアなどで発生した深刻な干ばつにより、トウモロコシ、小麦などの生産に大きな影響がでて、世界の穀物供給に赤信号をともし価格の暴騰を誘引した。このような事件が今後とも多発することが予測される。

また深刻になっている大地の砂漠化、劣化、塩害、酸性化などは食糧生産に死活的な影響を及ぼす。世界の農地面積は七億ヘクタール程度で推移しているが、農地開発が行われる一方で日本の農地面積（四五六万ヘクタール）を上回る五〇〇万ヘクタールの農地が砂漠化しているという。品種改良、大量の肥料投与などで生産効率が向上してきたが、その伸びが頭打ちになっている。

加えて水不足が深刻化している。問題は水資源の大部分を地下水に頼ってきたことにある。その結果地下水位が低下し、取水の難しい地域がでている。たとえば中国の中部平原では過去三五年の間に地下水位が五〇メートルも低下した。また、サウジアラビアでは地下水が急速に枯渇し、小麦生産が大幅に減少した。

さらに、食糧生産に必要な肥料、農薬、生産機材、燃料などの農業生産コストの高騰などが原因で生産が抑制され、食糧危機に直面することもある。また家畜伝染病の勃発により、畜産物の供給に異変が起きることもある。過去に牛の伝染病であるＢＳＥ（狂牛病）や口蹄疫、鳥インフルエンザなどの発生で輸出国の死活問題にまで発展したことがある。その結果、日本向けの輸出が停止した。日本でも宮崎県での和牛に口蹄疫が発生して大量の個体が焼却処分され、県の畜産農家に多大な損害をもたらした。鳥インフルエンザで何百万羽もの鶏が廃棄処分になり、企業が倒産するケースもあった。

これら一連の伝染病が発生した結果として、平成一二〜一三年には中国からの鶏肉約二三万トン（輸入総量の四〇パーセント）の輸入がストップした。平成一六〜一七年にはタイでの鳥インフルエンザ発生のため、一八万トンの鶏肉（総輸入量の四〇パーセント）が入って来なくなった。また台湾での口蹄疫の発生で、わが国が輸入する豚肉の四〇パーセントに当たる台湾産豚肉の輸入が禁止されたこともある。このように家畜の伝染病は供給面に大きな影響を及ぼすのである。

政治・経済面

政治不安や紛争などにより食糧の高騰が誘発されて、食糧不足を引き起こし、特に発展途上国内での内戦や紛争を助長する。二〇〇八年にはアジアやアフリカで広範囲な抗議行動や暴動が相次いだ。中東や北アフリカ地域で二〇一〇年末から始まった反政府デモ「アラブの春」も食糧価格の高騰がその一因とみられている。

また投機マネーの投入により穀物価格が上昇し、適正な食糧供給を阻害することもある。これは食糧偏在の原因にもなる。事実、途上国での需給関係を検証すると、世界人口の七八パーセントを占める途上国には六〇パーセントの食糧しか集まっていない。これに対して人口の一五パーセントを占める先進国には、世界の食糧の約三〇パーセントが集中している。食糧流通のゆがみ、ひずみが生じているのである。

国際的な食糧価格が高騰すると、各国は自国の需給や物価安定を優先し、国外への食糧輸出を禁止したり抑制したりする。たとえば二〇〇八年穀物価格が三倍に上昇した際、インドや中国などの国は輸出を制限する措置を講じ、フィリピンなどの穀物の輸入国では食糧危機が発生した。また二〇一〇年にはロシアが突然穀物の禁輸処置を取った。現実問題として穀物の輸出規制や輸出税の賦課を行っている国がある。二〇一二年にはアメリカの干ばつによる減収予測から、トウモロコシと大豆の国際価格は史上最高の水準で推移した。このような世界的な穀物価格の上昇を受けて、輸出国による輸出制限に対し規制を行うことが国際社会の関心事となった。穀物価格の上昇は今後も続くであろう。その原因として考えられるのは、主に次の四点である。

① 世界的な人口増加に加え、中国、インド、中東、アフリカ諸国など新興国の高度経済成長による食生活の西洋化が進み、穀物消費量が引き続き増加する。

②　バイオ燃料の台頭で穀物需要が急増している。すでに指摘したように世界最大の穀物生産国である米国では、トウモロコシ生産量の四〇パーセントをバイオ燃料として使用している。
③　巨額の投資マネーが農産物の先物市場に流入し相場を釣り上げる。
④　地球温暖化の影響による農地の砂漠化や単収の伸びの低下。

食糧は政治的な駆け引きにも利用される。戦争を有利に進めるために、昔はよく兵糧攻めが用いられていたが、現代では少数の企業が世界の食糧供給システムを寡占有し、影響力を行使している。世界最大の食糧コングロマリットのカーギル社は、世界の穀物貿易の四〇パーセントを占めている。つまり、一握りの企業が世界の食糧需給に大きな影響を及ぼしかねないのである。

以上から、輸入食糧の確保が厳しくなる要因を要約すると次のとおりであるのである。
・途上国の大幅な人口増加
・新興国等における所得向上
・食糧価格の高騰
・バイオ燃料の大幅な増産
・天候異変
・農地の減少

・家畜伝染病の突発
・食糧生産コストの上昇
・投機マネー
・供給国の輸出禁止や制限

これらの原因以外にも食糧危機に遭遇する可能性がある。たとえば日本は石油の大半を中近東に依存している。石油がないと日本人の生活は成り立たない。世界は過去何度か石油危機に直面した。そのとき国民生活や産業活動のあらゆるところに深刻な影響を及ぼした。中年以上の人は二度の石油ショックの記憶があるだろう。国民生活に何が起こったか。紛争が絶え間ない中近東で戦争が再び勃発する可能性を無視できない。内紛や戦争だけではない。テロなどの心配もある。

ちなみに日本では石油をどれだけ使っているのだろうか。石油連盟の資料によると一日七〇万キロリットル、大型タンカー二隻分の量である。現代の大型タンカーは容量にして東京ドーム半分ほどの大きさである。そんなタンカーが一万二〇〇〇キロメートルも離れた中近東から二〇日ほどかけて毎日日本の港に入っている。ペルシャ湾からホルムズ海峡を通ってアラビア湾に入りインド洋を横切る。そして、海の難所と怖がられているマラッカ海峡を抜け、南シナ海を北上して日本に到着する。これらの海域には海賊がよく出没する。日本の船舶も過去にしばしば攻撃されている。マスコミで報道されていないものもある。

またテロも発生しやすい。海峡封鎖という事態も起こりうる。この航路の安全が崩れたらどうなるかは自明である。石油の供給がとまる。船舶を動かす燃料がなくなる。船が止まると外国からの食糧が入って来なくなる。これは非現実的と思われるかもしれないが、いつ起きても不思議ではないほど可能性は高い。もちろんこのような緊急時のために石油は国と民間で備蓄されている。しかしその備蓄は半年も持たない量である。

日本は飼料原料も含めて食糧を年間七〇〇〇万トンほど輸入している。運搬には航空機も利用されるが、重量ベースで考えるとほとんどが船舶である。そうなると単純計算で一万トンの船が年間七〇〇〇隻、一日当たり二〇隻近くの船が必要になる。しかし日本人の船長が動かす日本船籍の船は一〇〇隻ぐらいで、残りは外国船籍である。これで安全な食糧運搬が保障できるのだろうか？　もちろん石油の供給が止まれば食糧運搬のみならず食糧生産そのものもできなくなる。

日本で生じる可能性が高い食糧危機とは、東日本大震災で起こったように物流が途絶して食糧が手に入らないという事態である。日本はいま韓国、中国と東シナ海での領有権をめぐり一触即発、不測の衝突が起きても不思議ではない危険な状態に直面している。もしこれが軍事的な紛争に発展すれば、その結果航路が妨害されたり破壊されたりして、海外から食糧を積んだ船が日本に寄港しようとしても近づけないという事態が発生する。

このようなときには国内生産で対応するしかないが、必要な農業資源、特に農地が確保されていなければ飢餓が生じる。しかし食糧自給率向上や食糧安全保障が叫ばれる中でも農地は減少し続けた。一九六〇年以降二五〇万ヘクタールもの農地が、耕作放棄や宅地などへの転用によって消滅した。今では全国で四五六万ヘクタールの農地しか残っていない。終戦当時人口七千万人で農地は五五〇万ヘクタールあった。それでも厳しい飢餓が生じた。一億三千万人の今日、十分な食糧を供給するには農地が少なすぎる。このような状況に対して国は適切な対策を講じないばかりか米の減反政策をはじめとして、これを加速する政策を講じてきた。問題なのは食糧安全保障を損なってきた日本の食糧・農業政策ではないだろうか。

日本周辺で紛争が勃発し外国から食糧輸入が完全にストップすると、われわれの食生活はどのようになるかを農水省がシミュレーションを行っている。それによると朝食はご飯一杯と漬物、昼食はふかし芋を三個、夕食にご飯一杯と焼き魚一切れになり、味噌汁は二日に一杯、卵は七日に一個、牛乳は六日に一杯しか飲めないことになる。そうすると一日当たり一七〇〇キロカロリーしか摂れないので、成人が日常生活をするのに必要なエネルギーが不足する。いわゆる飢餓寸前の状態になるということである。もちろんこのようなことが現実的に起きるとは誰しも思わないであろう。しかしここまで極端ではないにしても食糧の六〇パーセント以上を海外に依存している現実を認識すると、程度の差はあってもあらゆる可能性を考え、日本の食糧確保に常に危機感を持たねばならない。

食糧の安全保障とは、長期的視野に立ちかつ起こりうる最悪の事態を想定して考えるべきものである。福島原発のような事故が静岡の浜岡原発で起きたら東京と大阪を結ぶ物流の大動脈は分断されてしまい、食糧の確保はもちろんのこと日本経済は立ち直れないほどの痛手を受けるだろう。

日本は原油をはじめ発電用のエネルギー資源（石炭、天然ガス、ウラン）のほとんどを輸入に依存している。その資源が日本に入ってこなくなったら国民生活や産業活動に甚大な負の影響を及ぼす。生産活動も壊滅状態に陥ることは誰にでも想像できることである。

四　飽食の時代

一方先進国ではごく一般的にみられる、食品廃棄率の高さに驚く。国連食糧農業機関の二〇一一年の調査によると、全世界では人の消費向けに生産された食糧の三分の一に当たる年間約一三億トンが廃棄されている。特に先進国において消費段階で発生する廃棄率が高く、その廃棄量（二億二二〇〇万トン）は、サハラ以南アフリカの食糧純総生産量（二億三〇〇〇万トン）とほぼ同量というからさらに驚く。これに対してイギリスの研究機関では世界の食糧生産の半分が無駄になっていると報告している。

食糧廃棄はサプライ・チェインの各段階で発生する。生産段階では収穫が多過ぎて価格が暴落すると、価格を維持するためにせっかく苦労して作った野菜や果物を廃棄処分にする。身近でこの現実を目撃したことがある。また、出荷時に規格外という理由で食糧が選別処理、廃棄されてもいる。加工段階では製造プロセスのエラーなどで生じる等外品が処分されている。流通段階では輸送上の欠陥や店頭での売れ残りが理由となる。レストランでは客の食べ残し、調理不良品などが捨てられる。そしてわれわれすべてに覚えがあることだが、各家庭では無計画な買い物や調理、食べ残し、「賞味期限」と「消費期限」の取り違えなどにより食品が捨てられている。

先般農水省が調査発表したが、日本では年間の食糧廃棄物が二二〇〇万トンに及び、これは国内穀物生産量の倍で、全食用仕向量の約一八パーセントに匹敵する。つまり輸入している食糧の三分の一を捨てているということである。このうち食べられるのに捨てられた量が八〇〇万トンくらいあると推定される。これは途上国において四〇〇〇万人の人が一年間に消費する量である。

廃棄食糧のうち飼料や肥料として再利用されている量は、わずか二五パーセントに過ぎない。食品業界からの廃棄の半分と家庭からの生ゴミは、ほぼすべてが焼却処分されている。この焼却処分で排出された二酸化炭素は約四五〇〇万トンといわれ、日本の二酸化炭素排出量の約三パーセントに当たる。廃棄食糧をなくすだけで、京都議定書で約束した日本の二酸化炭素排出目標の半分をクリアできる計算になる。またゴミ焼却は猛毒の化学物質であるダイオキシン類発生の原因ともなっている。そこで一般の消費者ができることは、「お皿に盛り過ぎない」「料理をつくり過ぎない」「材料を買い過ぎない」「残さずに食べる」「調理に工夫をする」「食べられるところは捨てない」ことなどである。これらを一人ひとりが実践すれば、大きな効果が生まれるだろう。

先進国では、この食糧廃棄を改善するための対策が進んでいる。

フードバンク

「フードバンク」とは、食品企業の製造工程で発生する規格外品など品質に問題がないのに廃棄せざるをえない食品をメーカーや小売店から寄付してもらい、必要としている人に無償で届けるボランティア活動である。年間三五〇〇万トン（これは全食糧の約四〇パーセントに匹敵する）の食糧廃棄をしているアメリカでは約二〇年前から取り組まれており、日本でも二〇〇〇年からスタートしている。

食品リサイクル

コンビニのローソンでは、店舗から回収した余剰食品をリサイクル工場で堆肥にしている。堆肥は農家などに販売され、それで育てた野菜を地元スーパーなどで販売するというシステムである。ローソンで排出される食品廃棄物は余剰食品と廃油を合わせて一日一店舗当たり約一一・六キログラムである。「発生抑制」「再生利用（廃油リサイクル・余剰食品の飼・肥料化）」「サーマルリサイクル（熱エネルギー回収）」の三つの方法を組み合わせ、さまざまな施策を着実に実行することで、食品廃棄物の削減・リサイクルに取り組んでいる。リサイクル実施率は三〇パーセントを上回っている。この割合をさらに向上させるため毎年目標値を設定、実行し実績を上げている。

発生抑制の目標値設定

国内では平成一二年に「食品循環資源の再生利用等の促進に関する法律」（食品リサイクル法）ができ、食品廃棄物の年間排出量が一〇〇トン以上の事業者は再生利用に取り組まなければならなくなった。この法律は食品の流通・消費で排出する売れ残りや食べ残しに抑制の目標値を設定して、業界を指導する制度である。平成二四年度に一六業種を対象に発生抑制の目標値を設定しすでに実行している。平成二六年度にはこれを二一業種に拡大発展させた。これまで全体の七八パーセントに及ぶ二六五万トンがリサイクルされるなど、リサイクルへの取り組みは着々と進んでいるが、食品流通業や外食産業などのリサイクル率は約三割で、まだまだ廃棄される量が多いのが実情である。

途上国での深刻な飢餓に対して先進国では飽食、肥満、食品廃棄が進行している。このような状況を解消することにより、世界での食糧事情のゆがみ、ひずみ、特に途上国の食糧不足が少しでも軽減されれば、世界の食糧危機を回避する一助になるであろう。

第二章　変貌する大地

一　地球温暖化

地球温暖化の影響は世界の食糧生産に暗い影を落としている。世界各国で予測の難しい天候異変が続発している。厳しい干ばつの突発、その一方で赤道近辺では大洪水が頻発しており、食糧生産能力が低下している。

気候の変動によって害虫の分布が拡大している。たとえばミナミアオカメムシは稲、麦、大豆などを寄主とする害虫で、一九六〇年代の分布域は西南暖地の太平洋岸に限られていたが、近年西日本から関東の一部にまで分布域が拡大している。生息域は一月の平均気温が五度以上の地域とされており、気温上昇によってその北限が北上しているとの報告がある。

このところの異常高温、夏季だけでなく春季においても真夏日になることがある。五〇年前を振り返ると真夏でも二五度が普通で、三〇度にもなればびっくり仰天忍びがたい体験をしたものだが、今では四〇度近くまで気温が上がることも珍しくなくなった。毎年最高気温が更新される事態である。公表されている気象庁のデータも最高気温が三五度以上の猛暑日や最低気温が二五度以上の熱帯夜の日数もそれぞれ増加傾向を示している。

このような天候異変が自然生態系に与える影響は、今後ますます深刻になっていくだろう。生物種の絶滅、分布変化、生態系の劣化、生物季節の変化などにより農業生産に予測が難しい事態が発生する。温暖化の進行に伴い世界各地で水不足、一方では大洪水が起こり、農作物の収量減少が予測されている。グラフ

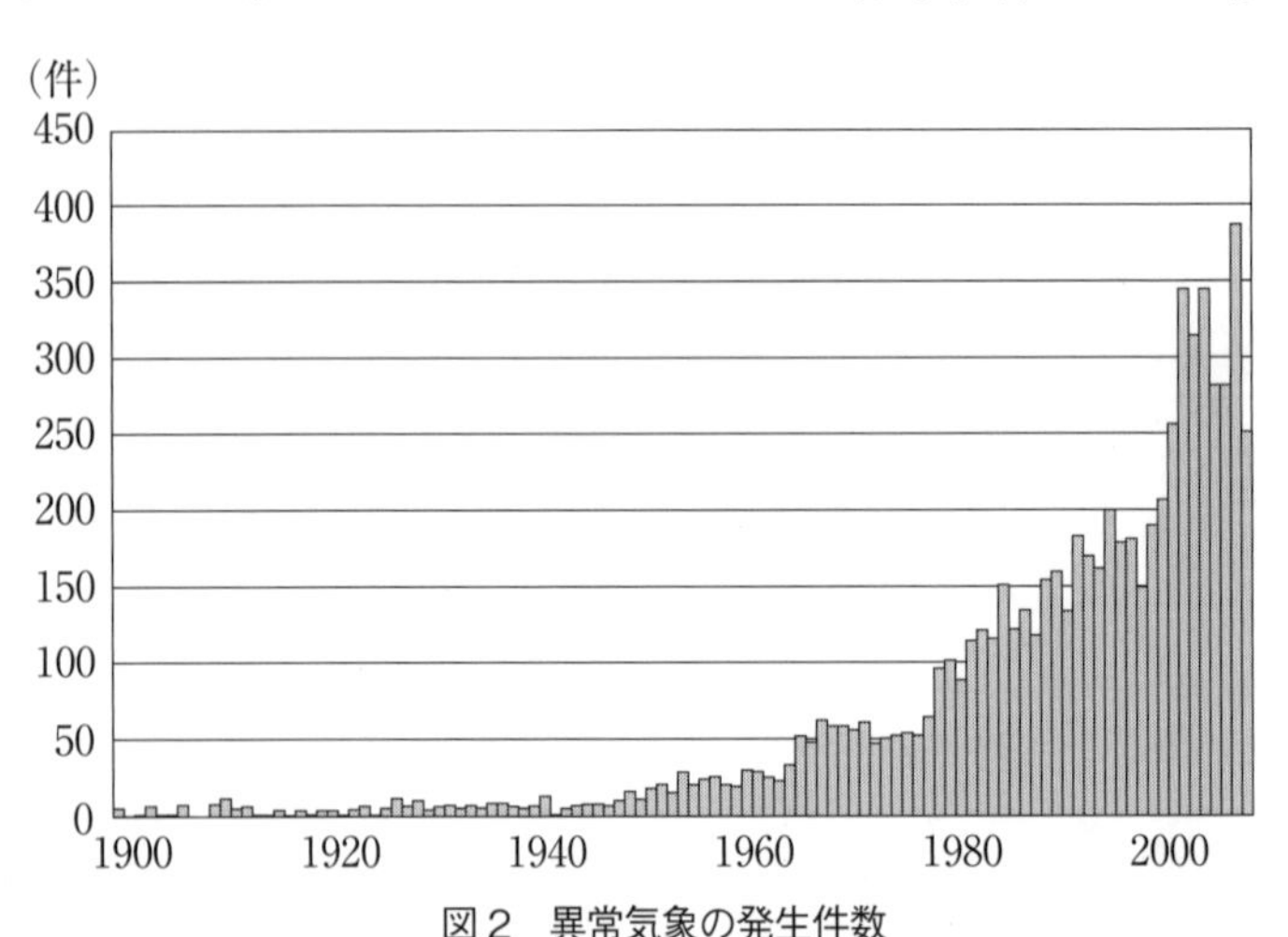

図２　異常気象の発生件数
（国立環境研究所　2003 年調査報告　ほか）

（図2）を見れば一目瞭然、近年異常気象が急増している。

水産業への影響としては回遊魚の生息域の減少や拡大、漁場の変化などが挙げられる。たとえば広範囲を回遊する魚種の一つであるサンマも、回遊中にさまざまな影響を受けることが予測される。これらすべての要素が将来の食糧需給バランスを崩したり予測を困難にしたりする。

農水省の資料は、地球温暖化が地域ごとに食糧生産に与える影響として次のようなことを予測警告している。

アジア

・二〇五〇年までに一〇億人の人々が深刻な水不足にみまわれる。

・東南アジアの人口密集地域で洪水が増加する。

・二一世紀末までに東アジアでは二〇パーセントほど食糧増産が見込めるが、一方南アジアでは三〇パーセント減で、人口増と重なり飢餓地域が広がる。

北米

・二一世紀前半には降雨依存農業の生産は二〇パーセントほど増加するが、西部では水不足が深刻化する。

アフリカ

・水飢饉の到来。結果として降雨依存型農業生産が半減する。

オーストラリア
・頻発する干ばつ、森林火災で水不足が深刻化し農業生産が減少する。
欧州
・一部では生産量が増加するが、全般的に気象変化の継続で減少する。
・熱波と干ばつで生産が減少する。水不足が深刻化する。

二　水不足、砂漠化

食糧生産には水が不可欠である。乾燥地域では水の八〇パーセント以上が農業用に利用されている。灌漑のため長年地下水をくみ上げた結果、地下貯水量の枯渇が大きな問題になっている。日本ではご飯一杯分の米を生産するのに水が約四四〇リットル必要とされる。またトウモロコシ一キログラムを生産するのに一八〇〇リットルの灌漑用水が必要とされている。人口増による食糧需要、特に穀物に対する需要を満たすためには灌漑農地の拡大が欠かせない。

二一世紀は水戦争の時代といわれ、厳しさが増してい

写真１　頻発する干ばつ（オーストラリア）

る。アメリカ、インド、中国、中東などでは地下水位の低下が農業生産に悪影響を与えているし、主要河川の多くも水量の減少や枯渇に直面している。

またアフリカ、アジア、オセアニア大陸などでは大地の砂漠化が進んでおり、農地の減少が進行している。加えてまた長年にわたる土地の開拓、開発により年々農地が減少している。一年に日本の全農地を上回る五〇〇万ヘクタールが消失している。二〇五〇年には世界の農産物需要が現在より五〇パーセント以上増加すると予測されている（国連食糧農業機関）ので、そのためには農地の確保が不可欠である。しかし農地減少を食い止めるのみならず新たに農地を確保する可能性は限られている。アフリカや中南米などが有力候補地域であるが、水の確保が課題である。土地が確保されても、より効果的・持続的な水の利用が欠かせない。

三　肥料・農薬づけ

現代の農業では、農産物の保護や増収のために農薬を多用しているので、土地が農薬づけになっている。農薬使用によるリスクには人体への影響、薬害、地下水の汚染、有害残留農薬などがある。長期に継続して使用すると病虫害の抵抗力が強まり、より強力な農薬が必要になってくる。さらに農産物の保存性や市場性を高めるためにも濃厚な農薬が使われる。これらが残留農薬として問題視されている。

農薬は害虫、病原菌、雑草など「生き物」の生命活動を妨害し殺したり枯らしたりするので毒性物質である。これまでの動物実験で農薬の中には強い発がん性や催奇形性があると指摘されているものが少なくない。農薬が人を殺害するのに利用されたことも幾度もある。それだけに農薬の使用については法律で厳しく規制されている。このように農薬は土地の劣化を促進させるのみならず、人体への影響も心配である。

また作物の収量を増加させるために使われる化学肥料についても、不適切な使用は地下水、河川を汚染し、土地の劣化を促すので、適切かつ慎重にならねばならない。堆肥など有機物、微生物の利用などをさらに進める必要があるが、「過ぎたるは及ばざるが如し」の格言も忘れてはならない。堆肥などが過剰になると、逆に土壌に危険な化学物質である硝酸塩などが蓄積する原因にもなるからである。

四　土壌の劣化

「土壌の劣化は確実に食糧危機と関連する」「多くの場所で土壌の活力がどんどん失われているため、この問題は今後さらに悪化するだろう」と国連食糧農業機関の土地・水資源部長パルヴィズ・クーハフカン氏は強調する。

土地の劣化にはさまざまな原因が挙げられる。自然に発生するケースには水や風による侵食がある。降る雨や時には灌漑が原因となって、表土が川やダムに流出してしまう。地球の表面に広がる薄い表土は、有史以前から長い年月をかけてやっとでき上がったもので、このおかげで人類は農作物が作れるようになった。しかし地球を覆うこの土の層は、平均して深さ約一メートルしかない。世界中の農地で新しい土ができるよりも速いペースで、これまでの表土が失われている。このせいで農地の生産性が低減している。

森林伐採、過放牧地、不適切な耕起法や営農活動による土壌劣化もある。大規模機械化農業地域においても土壌劣化が進行している。

化学肥料が長期間多く使われた結果、土壌中の有機物が少なくなりミミズなどの小動物なども減少して地力が低下する。最近ではこのような化学肥料の欠点を補うために、化学肥料の投与を抑え堆肥や稲わらなどを活用している。有機栽培も盛んになっている。水田にはタニシ、ドジョウなどの生物も戻ってきている。しかし一方では農業機械の稼働率を高めるための大規模な圃場や補助整備などが土壌の劣化を促進させている。生産性向上に研究が重ねられ実績を上げているが、その過程で生じる副作用についても注意を怠れない。

あらゆる生命が息づく大地、このかけがえのない大地が健康であればそこに宿す生命も健康になれる。人類の子孫のためにもこの貴重な財産を引き渡していかねばならない。それがこの大地に生息している生命体の忘れてはいけない重要な責務である。

第三章　輸入食品は大丈夫？

一　食卓は輸入食品でいっぱい

本章では、われわれの食生活がいかに輸入食糧に依存しているか、品目別に紹介することにする。

食糧の自給率が四〇パーセントを切ったということは、六〇パーセント以上を輸入に依存していることに他ならない。米のようにほとんど自給できるものから一〇〇パーセント輸入に依存しているトウモロコシまで食材は多様である。その中で、人間が生きていくために必要な穀物に関しては日本は二八パーセントという極端に低い自給率で、先進国はもとより北朝鮮などの途上国よりも低くなっている。

輸入食糧は一般の消費者にとって見える部分と見えない部分がある。野菜や果物、魚など直接消費するものはだいたいどこから輸入されたか表示してあるのでハッキリする。また加工食品でも原材料の出所が表示してあるものは判別できる。ここでは消費者の選択肢がある。しかしわれわれが消費する食品には原料に輸入品が使用されているケースが大変多い。

家庭はもちろんのことスーパー、寿し屋、ファミリーレストラン、居酒屋、学校給食に至るまで輸入食品が溢れている。ごく身近な例として、天ぷらうどんに使われている食材を検証してみるとよく分かる。

うどんは小麦粉から作られるが、その小麦はほとんど輸入されている。つゆに使われる醤油は大豆から作られるが、その九五パーセントを輸入している。麺の上に乗っている小さなエビも九〇パーセント以上が輸入で、天ぷらの衣も輸入小麦である。天ぷらに使われる植物油もその原料になる大豆や菜種はアメリカ、カナダ、オーストラリアなどからほとんど一〇〇パーセント輸入されている。つまりこれらの食糧を輸入しないと天ぷらうどんは食べられないということに他ならない。天そばに関しても同じである。そばの国内自給率は二〇パーセント程度で、残りは中国、カナダ、アメリカ、オーストラリアから輸入している。このことが、米は別として、われわれの毎日食べている食糧全般にいえることである。

主な輸入食糧についてその内容を検証すると次のようになる。日本がいかに輸入食糧に依存しているかがその数字を知ると一層よく分かる。

（一）穀　物

穀物の輸入量は二六〇〇万トンで全輸入食糧の六〇パーセントを占めている。国産も含め日本で消費されているすべての食糧の三五パーセントに及んでいる。また日本は、米を除いて必要とされる穀物需要のほとんどを輸入で賄っていることはすでに述べた。輸入穀物は製粉用、搾油用、でんぷん・飼料用などに使用されている。製粉用は小麦、搾油用は大豆、菜種、用はトウモロコシ、ソルガムが主である。

仮にこれらの穀物が日本に入って来なくなれば、天ぷらうどんはもとよりパン、麺類、菓子、味噌、醤油、植物油などの原料がなくなり、豊かな日本の食生活は成立しなくなる。また飼料の原料を輸入にほとんど依存している家畜の飼育に甚大な影響を及ぼし、食肉を食糧としている生活も破綻する。

トウモロコシ

トウモロコシはでんぷんや油の原料としても使われるが、輸入のほとんどは家畜の餌として利用される重要な穀物である。一〇〇パーセント輸入に依存している。輸入穀物二六〇〇万トンのうち一六〇〇万トンがトウモロコシで、アメリカから九〇パーセント、残りをアルゼンチン、ブラジル、ウクライナから輸入している。半世紀前には七パーセントの自給率があったが現在はゼロパーセントである。北海道で多少なりともトウモロコシを作っているが、これはスイートコーンで野菜に分類されている。

小麦

小麦については、国内消費量は六〇〇万〜六四〇万トンで推移しており、このうち食パン、中華麺、うどん、ビスケット、スパゲッティ等の食糧仕向量は五五〇万〜五九〇万トンとなっている。一人当たりの消費量は三一〜三三キログラムである。残りの五〇万トンは家畜の飼料に使われている。国内生産は一〇パーセント前後なので、需要のほとんどをアメリカ、カナダ、オーストラリアの三か国からの輸入で賄っている。

小麦の輸入は基本的には自由化されているが、政府の管理下に置かれており、入札により政府が買い上げて業界に売り下げるシステムである。小麦の国内生産量は年間七〇万〜八〇万トンであるが、それでも小麦農家を保護するために政府は輸入品に高い関税をかけその上に調整金を課している。このためユーザーには、輸入された時点での価格の三倍以上の値段で売り渡されることになる。

日本のような狭い国土では競争力のある小麦を生産することが難しい。アメリカやオーストラリアなどの広大な大地で低コスト生産される小麦は、海上運賃をかけても日本の競争相手ではない。日本の農地面積が農家一戸当たり二ヘクタールしかないのに比べてオーストラリアでは三四〇〇ヘクタールと広大で、この差を埋めることなどできるわけがない。

大麦

国内需要量は麦茶、ビール、飼料用を含め約二三〇万トンである。そのうち一〇パーセント程度が国内で栽培、生産されている。残りは輸入に依存している。大麦（裸麦を含む）の輸入は、オーストラリア、アメリカ、カナダの三か国からの供給量が大部分を占める。飼料用（主に乳牛、馬）に使われる大麦はすべて輸入している。その量は配合飼料原料として使用されるものも含め約一一〇万トンである。

米

米は、日本で自給できる数少ない食糧である。年間九〇〇万トン前後消費される。しかしその消費量は毎年減少傾向にある。過剰生産のため減反政策が取られ、需要に見合う生産を行うよう指導されているが、個別所得補償制度の導入など政府の農業保護政策により、生産過剰の傾向はこのところ継続している。

ＧＡＴＴを中心に進められている農産物の自由化は世界の流れで、日本も今まで農産物の自由化を進めてきた。しかし穀物、畜産、酪農製品などの多くは依然として保護政策のもと完全には自由化されていない。そのような中、米は一〇年前にウルグアイ・ラウンドでの協議、合意に基づいて毎年ある一定の量を輸入することになった。つまりミニマム・アクセスで、年間需要の一割程度を輸入する義務を負っているのである。現在の輸入対象国はアメリカ、タイ、オーストラリアなどである。輸入米は主に主食よりも加工用に使用されている。

(二) 畜産物

戦後、特に高度成長期以降の食の多様化、西洋化に伴って、従来たんぱく源として常食にしていた魚類の消費が減少し、その代わりに食肉の消費が増加したことはすでに検証した。牛肉、豚肉、鶏肉の消費が日常化し、現在日本人によるこれら食肉の消費量は、年間一人当たり四六キログラムになっている。オーストラリアでは一人当たり一二〇キログラム以上を消費しているので、日本でも今後まだ増加する可能性は残っている。

牛　肉

食肉を代表する牛肉の輸入に関しては、一九九一（平成三）年度から輸入枠を撤廃して輸入を自由化した。その代わりそれまでの輸入税二五パーセントを七〇パーセントに設定、その後平成五年度まで五〇パーセントに段階的に引き下げられた。現在の輸入関税は三八・五パーセントと高止まりしている。国内の消費量は九〇万トン前後である。国内生産量が約四〇万トンなので残り五〇万トンが主にオーストラリアとアメリカから輸入されている。日本人の牛肉消費量は一人当たり年間一〇キログラム程度で、アメリカの三八キログラム、豪州の三五キログラムと比べてもまだまだ消費が伸びる可能性がある。

豚　肉

国内消費量は約一六〇万トンであるが、国内生産量は九〇万トン、残りをアメリカ、カナダ、デンマーク、メキシコなどから年間七〇万トンほど輸入している。自給率は七〇パーセント近くである。現在わが国は国内の養豚業者を保護するため、安く入ってくる輸入豚肉に差額関税をかけて価格差を縮小する政策を取っている。このため、輸入豚肉は消費者にとっては割高になっている。

鶏　肉

年間の推定出回り量は約二〇〇万トンで、国内生産量が一四〇万トンであるから自給率は七〇パーセントで、残り六〇万トンを主にブラジルから輸入している。鳥インフルエンザの影響でアジアからの輸入は激減している。ただ鶏肉加工品は中国、タイから五〇万トン程輸入されている。

乳製品

戦後、食生活の西洋化が進み、乳製品の消費も急伸した。食品の中で一番需要が高いのが乳製品である。乳製品とはチーズ、バター、ヨーグルト、クリーム、練乳、アイスクリーム、粉乳、乳酸菌などを含む。

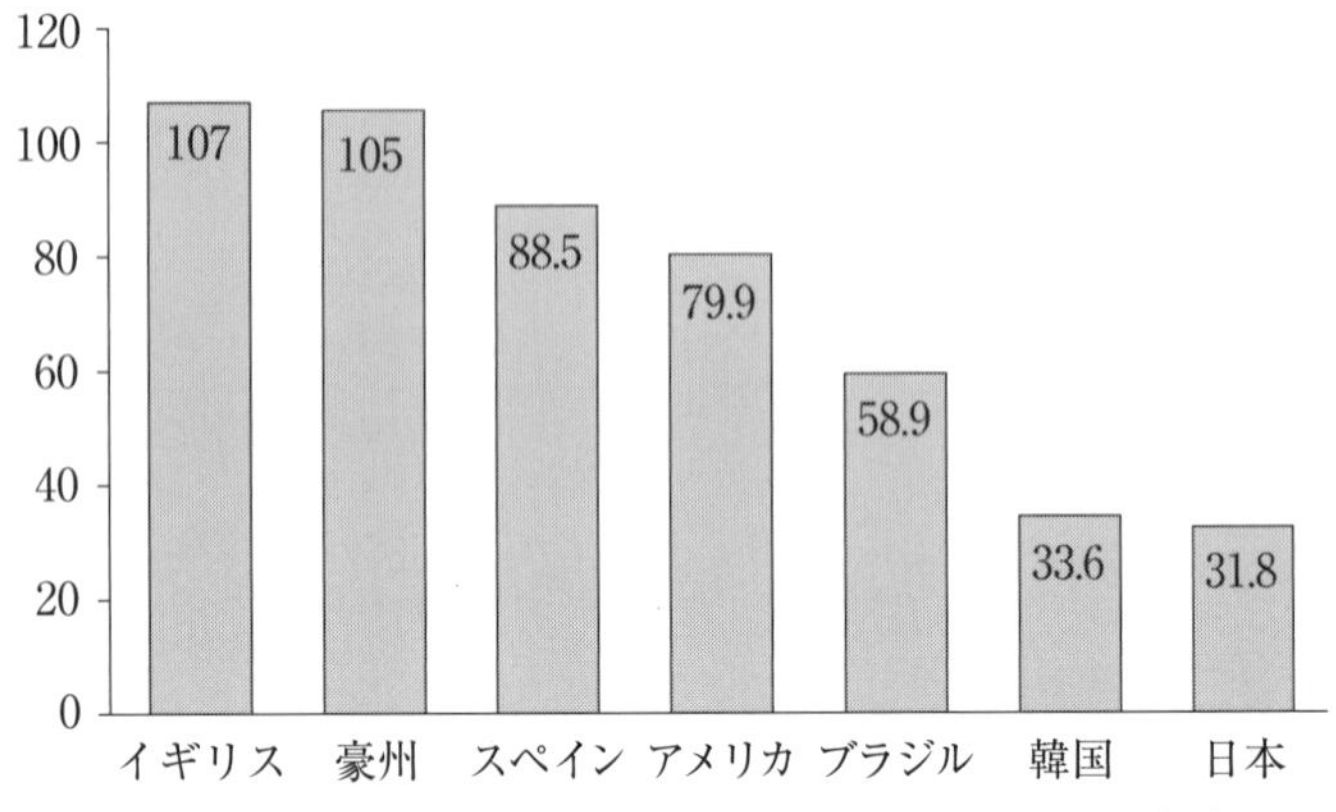

図３　主要国における牛乳類の１人当たりの年間消費量（kg）
（国際酪農連盟日本国内委員会）

戦後間もないころ、アメリカからの救援物資として粉乳が提供されており、それを溶かした牛乳が初期の学校給食に出され、鼻をつまんでいやいやながら飲んだ経験が筆者にもある。牛乳・乳製品の総消費量は約一二一〇万トンで、米（約九〇〇万トン）や麦（約一〇〇〇万トン）を抜いて、国内で最も需要の多い品目となり、日本人の食生活に大変身近な存在になった。それは乳製品が、良質なたんぱく質や脂質、炭水化物に加え、日本人の食生活に不足しがちなカルシウムなどのミネラル、ビタミンAやB_2などを豊富に含んでいることから、食事に取り入れることによって栄養バランスを整えながらも、より経済的でおいしい食事を実現できる食品だからである。

乳製品の消費量は順調に増加しており、特に外食産業、洋菓子、菓子パンの普及・成長によって業務用の乳製品需要が大きく増大した。その中で、戦後の貿易自由化政策のもと、早い段階からナチュラル・チーズ、乳糖、カゼインの輸入自由化が行われ、一九八九年にプロセス・チーズ、一九九〇年にアイスクリーム、ホイップドクリーム、フローズンヨーグルトの輸入が自由化された。

現在、わが国の牛乳・乳製品の総需要量（食用）は生乳換算で一二二〇万トンである。そのうち国産が約八四〇万トン、輸入が約三八〇万トンとなっている。輸入のうち二五〇万トンがチーズで残りが粉乳、アイスクリーム、カゼインなどである。日本では約二万戸の酪農家が一五〇万頭の乳牛を飼育し、北海道を主体に生乳を生産しており、このうち約半分が飲料用に、約半分が乳製品などの加工品向けに使われている。牛乳類の消費について日本はイギリスや豪州の三分の一以下で、主な西洋諸国と比較してもまだまだ消費が伸びる可能性を残している。

チーズに関しても過去二〇年間で消費は二倍に増えて、一人当たりの消費量は年間二・四キログラムになったが、これも豪州の一三キログラム、アメリカの一五キログラム、フランスの二四キログラムと比べるとまだまだ少ない。

農水省の予測によるとこれから一〇年間で、チーズの需要は現在の二八万五〇〇〇トンからさらに四万トン増えるとみている。しかし国内生産だけでは需要の伸びを賄い切れないため、豪州産の輸入を増やすことで最近日豪両国が合意した。これでも一人当たりの消費量が二・五キログラムと一〇〇〜二〇〇グラムしか増えない。

問題はチーズの販売価格が高すぎることである。ちなみに店頭でのナチュラル・チーズ小売価格を比較すると、日本ではオーストラリアやヨーロッパ諸国と比べて三～五倍も高い。

急速に進む高齢化社会で牛乳・乳製品の栄養的な価値が改めて注目されている。骨粗しょう症の予防や歯の健康へのミルク・カルシウムの効果や、腸内を健康に保つ乳酸菌の効果などはよく知られている。加えて最近ではメタボリック・シンドロームへの改善効果なども認められるなど、乳製品はまだ多くの可能性を秘めた食品で全体的に消費が伸びていくであろう。しかし、すでに指摘したようにそれも価格次第であるといえる。

(三) 水産物

日本が輸入している食糧のうちで多いのが水産物である。食糧輸入の約二〇パーセントを占め、一〇〇か国以上の国から輸入している。また日本は世界の中でも水産物の輸入が飛びぬけて多く、世界の水産物輸入の三〇パーセントを占めている。輸入水産物の一位はエビ、続いてマグロ、かつお、ウナギ、サケ・マス、かにの順である。現在大都市のスーパーや魚屋で販売されている高級生鮮魚貝類の八割が輸入品といわれており、水産加工品にも輸入品が多用されている。

二〇一〇年の日本の水産物輸入量は二七二万トンで、輸入金額は一兆三七〇〇億円であった。主な輸入先は中国、アメリカ、チリ、タイ、ロシア、オーストラリアなどである。

エ ビ

日本の年間消費量は三〇万トン近くで、国内産は二万トン足らずなのでほとんどを輸入している。輸入金額は二二〇〇億円。一九七〇年ごろまではメキシコ、インド、オーストラリアなどで獲れた天然物が主流であったが、養殖技術が発展して現在では養殖されたものが主になっており、価格、品質、供給面において天然物より競争力がある。主な輸入先は、タイ、ベトナム、インドネシア、インド、中国などである。

エビの養殖は、一九七〇年代から台湾で積極的に行われ、その後タイ、フィリピン、インドネシアなどに広がった。しかし養殖はタンク、生簀などで集約的に行われ、狭い場所に大量の濃厚配合飼料が使われるので、病気が発生しやすい。菌の繁殖を防止したり成長を助長したりするために、抗生物質、成長ホルモンなどの薬品も多く使われる。このため台湾ではもはや養殖できる環境ではなくなり、東南アジアでも同じような問題が生じている。深刻な環境破壊も生じているので、今後アジアからの供給に黄信号がともっている。

マグロ

二番目に多い輸入水産物はマグロである。マグロには本（くろ）マグロ、ミナミマグロ（インドマグロ）、キハダマグロ、ビンナガマグロ、メバチマグロなどの種類がある。マグロの消費は刺身と缶詰で、日本ではほとんど刺身用である。日本人は世界でも一番多くマグロを食べており、年間の消費量は約四〇万トンである。このうち六五パーセント程度を輸入している。
最高級の本マグロは全消費量の四パーセント程度で半分を輸入し、次に高級なミナミマグロは約一パーセントで、ほとんどオーストラリアから冷凍、生鮮、冷蔵で輸入されている。本マグロ、ミナミマグロは一般の家庭では高価なのでなかなか手がだせない。スーパーや回転寿司でよくみかけるのは、低価格のキハダマグロやビンナガマグロの解凍物が多い。

ウナギ

ウナギの種類は世界で一九種類ほどが知られている。従来日本で蒲焼用に使われていたのはジャポニカ種、いわゆる日本ウナギであったが、今日の輸入品の多くはヨーロッパ産のアンギュラ種である。

国内の仕向け量はピーク時で一六万トンあったが資源が枯渇し、今では三・七万トンにまで落ち込んでおり、その多くを輸入に頼っている。ウナギの輸入は一九六八年に台湾からの活ウナギで始まり、七五年には現地で蒲焼や白焼に加工されて輸入されるようになった。八〇年代になると加工ウナギの輸入が急増したが、九〇年代には中国で作られた加工ウナギの輸入が増加し、現在では中国産が主流である。

今では一年中食べられる食材で、どこのスーパーにも定番商品として置かれているが、残留農薬、使用禁止の抗菌剤などの検出で過去何度も輸入が禁止されている。また資源保護のため中国で養殖されているヨーロッパ産の稚魚の捕獲が規制されているので、その確保が難しくなっている。この結果、今後、価格の高騰が余儀なくされ、土用のウナギが食べられないような事態が起きないとは限らない。

(四) 砂糖

砂糖はとても幅広い用途に使用される、われわれの暮らしにとって不可欠な食品で、年間の需要量は二二〇万トン前後で推移している。国内で約四〇パーセントの八〇万トンを生産しており、残りは海外から粗糖を年間一四〇万トン前後輸入している。粗糖は輸入された後国内の精製糖工場でグラニュー糖、上白糖などの製品となって市場に供給されている。主な輸入先はタイ、オーストラリア、南アフリカなどである。

砂糖の消費量は年間一人当たり約一八キログラムである。国内では特に北海道のてん菜と沖縄、南西諸島で栽培されているサトウキビから生産されている。しかし国内産は輸入品と比べて相当高い（二〜五倍）ので、国内産業を保護するため安く輸入された外国産粗糖から調整金を徴収し、これを主な財源として国内のてん菜・サトウキビ生産者や国内産糖製造事業者に対して生産・製造経費と製品の販売価格との差額相当分を補填する価格調整制度が行われている。ちなみに砂糖において生産量の世界第一位のブラジルと比較すると、収穫面積では約四七倍、砂糖の生産量では三八倍もの差があり、国内の栽培農家は国の保護がなければとうてい太刀打ちできない。

（五）塩

塩もわれわれの暮らしになくてはならないものである。塩は原塩と精製塩（通常原塩を一度溶解し、再結晶させたもの）とに分かれる。原塩には岩塩と、海水を天日で蒸発させて製造された天日原塩とがある。

日本の塩消費量は年間約八六〇万トンである。大半が工業用で食用は二〇〇万トン弱である。輸入依存率は八七パーセントで年間七五〇万トンになる。日本は世界一の塩輸入大国である。半世紀前までは国内で自給していた。今ではほとんどみられなくなったが、瀬戸内海沿岸地域では至るところに塩田が広がっている写真が、小学校で使われた社会科の教科書に大きく載っていたものだ。

（六）食料油

日本で利用されている油脂原料は約五六〇万トン、大豆と菜種が主な原料で、そのほとんどは海外から輸入されており、米ぬかが商業的にはほぼ唯一の国産原料となっている。一九五〇年代までは菜種が有力な国産原料であった。地方では黄色い菜の花が至るところに咲き乱れていた光景を思いだす。しかし、いまでは搾油に供される国内産は、消費量二二〇万トンに対して一〇〇〇トン程度しかない。残りは主にカナダやオーストラリアから輸入されている。

大豆はサラダ油、豆腐や納豆の原料としてわれわれの食卓には欠かせない作物である。国内の大豆需要量は三四〇万トンで、そのうちサラダ油やマーガリンなどの原料になる大豆油が約二五〇万トン、食品用がその残りで多い順に豆腐・油揚、味噌、納豆、醤油、豆乳に加工されている。国内生産が二三万トンなので大豆もほとんど輸入に依存している状態である。輸入相手国はアメリカが主でブラジル、カナダが続く。一キログラムの大豆からは一一〜一三丁の豆腐、四〇パックの納豆ができる。

日本では十分な農地面積がない、収量が低い、生産コストが高い、栽培が難しい、気候が適していないなどさまざまな理由によって国産油脂原料の生産は衰退した。だから今日ではほとんどの供給を輸入に依存している。

（七）野菜、果物

野菜はほかの食糧と比べてまだ自給率が高いが、それでも輸入量は年間二〇〇万トンになろうとしている。生鮮、冷凍、そのほか（乾燥、缶詰、酢漬けなど）で、それぞれ約七〇万トンずつである。

注目すべきは生鮮での輸入が近年急増していることである。主な野菜はたまねぎ、にんじん、アスパラガス、ブロッコリー、レタス、かぼちゃなどで、どこのスーパーでもこれらの輸入野菜が販売されている。この中でもたまねぎが一番多く、年間約二〇万トンを一〇か国ほどから輸入している。これは国内の供給量の一五パーセントである。輸入は一年中を通して行われているが、日本での生産がない冬場に多い。特に季節が逆である南半球からはこの時期に集中する。

生鮮野菜の輸入は今後も増加するであろう。運送上の技術進歩、円高による輸入品の低価格、日本の生産端境期などによって、一年中収穫ができる東南アジア、季節が逆のオセアニアからの輸入が増えるであろう。一年中低廉で安定供給を必要としている外食産業、スーパーなどの輸入食材に対する強い需要がある。

（八）加工食品

食卓に登場する加工食品は多種多様である。主なものに味噌、豆腐、納豆、パン、ケーキ、菓子、チーズ、マーガリン、ハム・ソーセージ、ちくわ・かまぼこ、コーヒー、佃煮、漬物、缶詰などがあるが、その原料はほとんど輸入食糧である。われわれはその原材料に関してあまり知識を持っていない。まず包装商品には使用原料の表記があるが、非包装のばら売りなどは表示ができないので原料が何かハッキリしないものがある。

原料に国産使用と特別に表示してある包装食品がある。たとえば「国産大豆を使用」とした豆腐や納豆、「国産小麦一〇〇パーセント」の食パン、国産野菜の漬物などである。はたしてそうなのだろうか。日本は食糧の六〇パーセント以上を輸入している。原料になる食糧についてはそれ以上外国に依存しているのである。味噌、豆腐、醤油の原料はほとんど一〇〇パーセント輸入大豆であり、パンの原料の小麦は九〇パーセント以上輸入している。ハムやソーセージには大量の輸入豚肉、マトン、馬肉が使用されている。ほかの加工食品もしかり。

冷凍食品の需要も大きく伸び、国民一人当たりの消費量が過去四〇年の間に六倍ほど増えた。全体の消費量は二七〇万トン（平成二五年）でその四五パーセントに当たる一二〇万トンを輸入に依存している。その輸入量（冷凍野菜、冷凍加工食品）の五〇パーセント以上を中国から調達しているのが現状である。中国の安い原料と労賃で作られた冷凍食品は、家庭はもちろん外食、弁当など食品を供給するあらゆる部門で欠かせない食材になっている。特にファーストフードを主体に「早い・安い」が売りになっている外食産業は、冷凍食品がなければやっていけない。学校給食や病院食においても一般的になっているので驚かされる。とにかく日本で製造されている加工食品は、輸入食材と深く関わっているのである。

二　輸入食品の安全・安心は？

このように大量の食糧が輸入されて、われわれの毎日の食生活の至るところに輸入された食材が使われているのである。外国で生産されたものなので、その安全性に関してわれわれは特に関心がある。健康や生命に直接関係してくるからである。海外のどのような場所で、どのように生産され、管理され、処理され日本に持ち込まれるのかを知りたいのは当然のことである。そして輸入される際にどのような検査、防疫体制がしかれ実施されているのかを知る必要がある。

輸入食糧には落とし穴があることが指摘されて久しい。実際水際での食品安全検査において残留農薬、発がん性物質、添加剤、防カビ剤など日本の食品安全基準を満たさないケースが多く摘発されている。その多くがアメリカのトウモロコシやかんきつ類、中国の水産物、野菜、加工食品などで、問題が露見して大きな社会問題になっている。

中国の食品の違反は、残留農薬、食品添加物や微生物汚染が多いが、米国からのトウモロコシに含まれている強烈な発がん物質であるアフラトキシンが原因で、過去に大量の積み荷が送り返されたこともある。米国、エクアドル、ガーナ、フィリピンなどアフラトキシンの許容値以上による違反が多い。気をつけなければならないのは一部の国だけではない。

平成二三年度における厚生労働省（以下、厚労省）の輸入食品監査統計によると、違反件数が一二五七件で、内訳は水産動物加工品（魚類、貝類を除く）一八四件（一四・六パーセント：総違反件数に対する割合）が最も多く、次いで穀類の一六七件（一三・三パーセント）、種実類一〇五件（八・四パーセント）、野菜の調整品（きのこ加工品、香辛料、野草加工品及び茶を除く）八〇件（六・四パーセント）、豆類六四件（五・一パーセント）の順であった。その違反内容は次の二つに集中している。

①　トウモロコシ・落花生・ケツメイシ・ハトムギ・ナツメグ・乾燥イチジク・綿実等のアフラトキシンの付着、有毒魚類の混入、下痢性貝毒の検出、シアン化合物の検出、非加熱食肉製品等からのリステリア菌検出、米・小麦・菜種・大豆等の輸送時における事故による腐敗・変敗・カビの発生等。

②　野菜及び冷凍野菜の成分規格違反（農薬の残留基準違反）、水産物及びその加工品の成分規格違反（動物用医薬品の残留基準違反、農薬の残留基準違反）、その他加工食品の成分規格違反（大腸菌群陽性等）、添加物の使用基準違反（二酸化硫黄、ポリソルベート類、ソルビン酸等）、添加物の成分規格違反。

国別の食品輸入届出件数をみると、中国の六三万三七三三件（三〇・二パーセント：総届出件数に対する割合）が最も多く、次いでアメリカの二二万八五〇五件（一〇・九パーセント）、フランス一九万五七二九件（九・三パーセント）、タイ一五万二二九九件（七・三パーセント）、韓国一四万七四七三件（七・〇パーセント）、イタリア九万三七五七件（四・五パーセント）の順になっている。

また、違反状況を国別でみると、中国の二七八件（二二・一パーセント：総違反件数に対する割合）が最も多く、次いでアメリカの一七四件（一三・八パーセント）、ベトナム一六六件（一三・二パーセント）、タイ九三件（七・四パーセント）、イタリア五〇件（四・〇パーセント）の順であった。届け出件数が多い中国の違反件数が一番多いが、先進国のアメリカやイタリアも相当多いので驚かれた消費者もいるだろう。

違反内容の特徴としては中国の違反は広範囲にわたり、残留農薬基準違反、添加物使用基準違反、細菌等成分規格違反、アフラトキシン、有毒物質の検出などであるのに比べて、アメリカの違反例はアフラトキシン、カビ・腐敗が主で添加物の使用基準、成分規格違反も一部摘発されている。

これは氷山の一角で、表にでないあるいは検査されずに国内に流通し食卓に乗っているものもあるのが実情である。

輸入食品の安全を確保するための衛生検査は次のように定められている。

① 検査命令

厚生労働大臣が必要であると認めるとき、食品衛生法第二六条に基づいて輸入者に対して命令する検査で、法に基づいて基準が定められている食品等であって、違反の蓋然性が高いものが対象になる。この場合、輸入者には検査命令書が交付され、検査結果の通知を受けるまで輸入手続きを進めることはできない。

② モニタリング検査

違反の蓋然性が高くないと判断された品物で、今後の実態を把握するために年間計画に基づきサンプリングしラボ（検疫所・登録検査機関）にて検査が実施される。この場合は、検査結果の判明前に輸入手続きを進めることができるが、後日法違反が判明した場合は、必要な行政措置が講じられる。しかしこれでは該当食品が市場に出回り消費された後のことになる。

③　指導による検査（自主検査）

輸入者は食品を取り扱う営業者として、自らが自主管理を目的とした定期的な分析試験を実施することが重要である。定期的に実施した分析試験の成績は、輸入届出時に検疫所に提出することにより審査、検査に要する時間を短縮できる。

④　その他の行政検査

モニタリング検査以外の行政検査として、初回輸入時の現場検査、食品衛生法違反食品等の確認検査、輸送途中で事故が発生した食品等の確認検査等が、検疫所の食品衛生監視員により実施される。

まず、第一に問題なのは、届け出された輸入食品のすべてについて個別に検査されないということである。検査が行われるのは、平均して届け出全体の一〇パーセント程度である。つまり九〇パーセントは無検査ということになる。

さらに日米構造協議で輸入食品検査の省略、輸入手続き簡素化のための制度が設けられている。代表的な制度を次に説明する。

①　事前届出制度

器具もしくは容器包装などの非食品と穴子、ウナギ、マグロなど一八種類の生鮮魚介類、きのこで「食品衛生上の問題が生じる恐れのないものは」輸入届出だけで検査を行わない。

② 計画輸入制度

缶詰、瓶詰、原酒、米、小麦、大麦、大豆、ビール、蒸留酒、レトルト食品、でん粉、あん類、コーヒー豆、海藻、チョコレート、茶、マーガリン、麺類などを輸入するときに「輸入計画書」の提出が義務付けられている。これに記載された内容に問題がなければ一年間何度輸入しても「輸入届書」の提出が不要になる仕組み。つまり無検査制度である。

③ 継続輸入制度

この制度では輸入される食品の原材料、製造方法、製造者などが同一であり継続して輸入される場合、二回目以降の輸入手続きの際の検査を一年間省略するというもの。さらには一度自主検査をしてその結果を検疫所に提出すれば、それ以降何年でも無検査で輸入ができるというもの。

④ 外国公的機関の検査結果の受け入れ

輸出国の公的検査証明が貨物に添付されていれば、検査を省略して通関するというもので、食肉、食肉製品に適用されている。

もちろんこのほかにも検査の省略や簡素化を促す制度が存在する。加えて外国の公館の輸入に関しては検査が省略されるし、国内で販売をしない小口（重量で一〇キログラム以下）の商品見本などはフリーパスである。

このように輸入食品の安全性に関しては、当局の水際での監視体制が手薄なために輸入食品に対する不信、不安感が払拭できないのである。

さらに食品輸入届け出数は増加の一方で、一九七五年に約二五万件であったのが二〇一一年には二一〇万件になっている。八倍以上の増加である。書類を検査するだけでも大変な作業である。この作業をするのが食品衛生監視員である。

食品衛生監視員はこの届け出書類に記載してある品名、生産国、原材料、添加物、製造方法など四〇項目以上をチェックして、輸入された食品が日本の食品衛生法に適合しているか、必要な検査が行われているかなどを審査する。具体的には届出書の内容から使用してはいけない添加物が使用されていないか、製造が日本の規制を遵守して行われているかなどの審査を行う。もともと監視員の数が少なく、全国で四〇〇名足らずの人員で審査を行う。特に輸入量の多い東京、成田、大阪などの大都市圏では、一人の監視員が午前中に一〇〇〇枚以上の書類をチェックするという厳しい実情である。これは神業的な作業で、ミスを誘うこともある。

すでに検証したように、このような検査体制のもとでもほとんど毎日食品衛生法違反が摘発されている。違反で摘発されるのが氷山の一角であると思うと恐ろしくなる。食品輸入が今後も増え続ける中で、水際での監視体制を強化しなくては輸入食品に対しての信頼性がますます失われていく。

表1　食品安全検査 H23

食品分類＼品目数	検査品目数			違反品目数		
	総数	国産品	輸入品	総数	国産品	輸入品
合計	63,092	45,539	17,553	106	87	19
魚介類及びその加工品	7,847	6,598	1,249	9	9	–
冷凍食品	1,768	788	980	1	–	1
肉・卵類及びその加工品	13,877	7,467	6,410	59	59	–
乳・乳製品	2,791	2,479	312	7	6	1
農産物等及びその加工品	12,145	6,360	5,785	9	4	5
菓子類	6,952	5,471	1,481	6	2	4
飲料・氷雪・水	2,891	2,723	168	2	–	2
その他の食品	14,281	13,154	1,127	13	7	6
添加物	83	82	1	–	–	–
器具及び容器包装	457	417	40	–	–	–

（東京都衛生試験所）

一般的に多くの消費者は「輸入食品より国内産の方が安全であろう。だから安心できる」と思っている。しかしながら、東京都が平成二三年に輸入品と国産についての食品安全検査を実施した結果を表にすると、違反件数について検査数の違い（国産六一・五パーセント、輸入三八・五パーセント）はあるが、違反件数割合は輸入品より国産の方が多いことが表1から確認できる。だからステレオタイプ的な思い込みで判断するより、科学的なデータに基づいて評価する姿勢も大切である。国産、外国産にかかわらず、食品の安全にはさまざまな角度に関心を持ち自分でできるだけ安全度を確認しなくてはならない。

三　疫病のグローバル化

このところマスコミでよく取り上げられる話題であるが、狂牛病や鳥インフルエンザなど人間の健康に大きな影響を及ぼす疫病がグローバル化している。もちろん疫病が発生すると食糧の安全や安定供給が影響を受ける。

牛海綿状脳症（BSE）

俗に狂牛病といわれるこの伝染病は一九八六年に英国で発見されて以来、欧米や日本などで発生が報告されている。ＢＳＥに感染した牛は、原因である異常プリオンたんぱく質が主に脳にたまり、脳がスポンジ状になって異常行動、運動失調などの神経症状を示し、最終的には死に至る。この異常プリオンたんぱく質を人が摂取することで、変異型クロイツフェルト・ヤコブ病が発生すると考えられている。人がこの病気にかかると、脳がスポンジ状に変化し精神異常、異常行動の症状を示す。そのため異常プリオンたんぱく質が蓄積する牛の脳、せき髄、回腸などの特定危険部位を食品として利用することは、各国の法律で禁止されている。

肉骨粉が原因とみられ使用が禁止されたが、二〇〇一年に日本で二〇〇三年にはアメリカで牛海綿状脳症の発生が確認された。これにより日本からの牛肉は輸出禁止となり、またアメリカ産牛肉の輸入を日本、韓国、台湾などが禁止した。その結果輸入牛肉の半分（約二七万トン）を占めていたアメリカ産牛肉の輸入がストップした。その後アメリカ産の牛肉は安全だという農水省の判断で、現在は輸入が認められスーパーなどでも販売されている。

ＥＵのデータによると、ＢＳＥ感染牛は満一一歳までにほとんど（約九七パーセント）が検出されている。つまり、ＢＳＥ最終発生後から一一年間のうちに生まれた牛でＢＳＥが発生していなければ、今後も発生する可能性はほとんどないと考えられる。日本では平成一四年二月以降に国内で生まれた牛からのＢＳＥ発生はなく（つまり、過去一一年以内に出生した牛で発生せず）、今後も適切にＢＳＥ対策が継続されれば、日本で飼料などを介してＢＳＥが発生する可能性はほとんどないと考えられる（農水省見解）。

口蹄疫

この病気は牛の伝染病で高い致死率という特徴を持つので、感染が確認された場合、ほかの家畜への感染拡大を防ぐため、罹患した患畜は発見され次第殺処分される。またほかの地域の家畜への伝播を防ぐため、地域・国単位で家畜の移動制限がかけられることから、広い範囲で畜産物の輸出ができなくなる。これらによる経済的被害が甚大なものとなるため、畜産関係者から非常に恐れられている病気である。

日本では平成二二年宮崎で口蹄疫の発生が確認された。感染が疑われる牛や豚等の家畜の殺処分（二一万頭）や埋却・消毒、感染拡大を抑えるためのワクチン接種等の防疫措置を実施した結果この問題は解決し、日本は口蹄疫清浄国へ復帰した。農水省は「口蹄疫は牛、豚等の病気であり、人に感染することはありません」と発表しているが、他国では過去に感染例が報告されているので注意することに越したことはない。

感染による症状自体は問題とはならないようだが、人がウイルスの保有者となり、動物への感染源となる可能性があるといわれているので気をつける必要がある。このところ近隣諸国つまり中国、モンゴル、ロシア、韓国、北朝鮮、台湾などで広範囲な発生が確認されているので防疫体制の強化が重要である。

鳥インフルエンザ

香港、タイ、ベトナム等で人への致死的な感染例が認められていたことから、家畜衛生上の問題のみならず、人への感染防止といった公衆衛生上の問題として、国民の大きな関心事となった。

家禽類のニワトリ・ウズラ・七面鳥等に感染すると非常に高い病原性をもたらすタイプを高病原性鳥インフルエンザ（ＨＰＡＩ）と呼ぶ。これに感染したニワトリは呼吸障害、下痢、産卵の停止などを呈し突然死する。現在、世界的に養鶏産業の脅威となっているのはこのウイルスである。

WHO（世界保健機関）の発表によると鳥インフルエンザではタイ、ベトナムで三二人が死亡し、アジアでは一億二千万羽以上の家禽が死亡または殺処分された。それらの国々ではどうして人が感染死したのだろうか？ これは人々が感染鶏の分泌物や糞に含まれる極めて濃厚なウイルスを吸引して、感染したものと考えられる。幸い患者から分離されたウイルスは鳥型であり、人から人への感染は確認されていない。

問題となるのが鳥インフルエンザの中でH5N1亜型というウイルスである。日本でも二〇〇四年に山口県にある養鶏場で発生したが、迅速な対応で少数の殺処分で済み、ウイルスの封じ込めに成功している。このウイルスがヒトインフルエンザ・ウイルスと混じり合うことで、人間の間で感染する能力を持つウイルスが生まれることが懸念されている。WHOが最も恐れていることは、このところアジアで流行している鳥インフルエンザ・ウイルス（H5N1亜型）が、鳥型から人型に変わって人の間で広まり、最終的に世界的な大流行を起こすことである。

WHOが今日までに確認しているアジアでのH5N1亜型による病症数は、四五一人で、その内二四八人が死亡している（WHO二〇一四年の統計から）。

日本では平成二二年一一月以降、千葉県から鹿児島県に至る九県の二四農場で高病原性鳥インフルエンザの発生が確認され、約一八〇万羽が殺処分された。平成二三年すべての防疫措置が完了し、国際獣疫事務局（ＯＩＥ）が定める基準に基づいて、鳥インフルエンザ清浄国に復帰したことを宣言した。しかしながら、平成二六年四月には熊本県でも養鶏場の鶏が数千羽死亡した事件が発生した。検査の結果このウイルスの陽性反応がでたので、関係農場では一一万羽が殺処分された。

またアジア周辺諸国では、依然として高病原性鳥インフルエンザが発生しているので、農水省は水際検疫の体制強化を図るとともに、都道府県・関係団体に対しウイルス侵入防止に向けて農家への指導を徹底するよう要請している。しかしこのウイルスは飛来する渡り鳥が感染源である可能性が大きいので、防御するのはなかなか厄介である。地球全体でかってないほどに発生しているので安心はできない。

四　防疫検査体制

世界最大の食糧輸入国である日本は、食糧の安全に関しては厳しい検査、管理体制が必要である。検疫の分野には、日本の農業を外国の病虫害から守るために行われている植物検疫、日本の畜産を守るため病原体の侵入を防ぐ目的で行われている動物検疫、それに食品衛生法に基づいて輸入食品の安全確保の目的で行われている食品検疫がある。これに国内への人の伝染病の侵入を防ぐために行われている人の検疫が加わる。

輸入食品の検査体制に関してはすでに詳しく述べたので、ここでは植物検疫、動物検疫に関しての日本の対応を検証する。これはあくまで病虫害や伝染病の日本への侵入を防ぐためのもので、その食品の安全性を検査するものではないことに留意する必要がある。食品検疫は植物・動物検疫で合格したものに関して行われるものである。

動物・畜産物（生体、食肉、加工物）

生きた動物、畜産加工品の輸入にあたっては、輸出国の政府機関（日本の動物検疫所に相当する機関）が行う検査に合格し、当該機関の発行した検査証明書の添付がなければ、輸入してはならないとされている。少量のサンプルや海外で買い求めたおみやげ物も含む（オーストラリア、ニュージーランドの空港などで販売されている畜産物には通常証明書がついている）。証明する事項は通常事前に相手国との間で家畜衛生条件として締結されている。最近増加している生きた状態で日本に到着するエビ、伊勢エビなどの水産物も対象になる。日本全国の空港や港などに検疫所が三〇か所設置されており、水際での防疫体制を徹底させている。

海外から到着した動物に関しては一定期間係留・検査をする。検査は少ない数の食品検査と比べて基本的に全量検査である。飼料として提供された乾牧草についても陸揚げするのであれば厳重に検査される。全量検査といえどもそれをすり抜けることもある。そのほかにも、これは起きてはいけないことであるが、動物が到着前に病気などで死亡すると、日本の領海内、湾内で投棄するというようなことが過去にはあった。また垂れ流される外来船舶のバラスト水が原因で生じる伝染病の侵入などはどのように防止すればよいのか。

植物（果物、野菜、花き類など）

まん延した場合に有用な植物に損害を与える恐れがある病害虫（検疫有害動植物）が外国から侵入することを防ぐため、輸入されるすべての植物やその容器包装についても輸入植物検疫を実施している。出張所を含め全国で六八か所の植物防疫所が設けられている。もちろん食品検査と同じく検査をすり抜けて国内の植物に致命的な影響を及ぼすことがある。

今日では一般の消費者にとって手の届かないものになってしまった国産の松茸であるが、筆者の実家では少年時代にシーズンになると（九月末～一一月初め）家族総出で松山に登って松茸を採ったものだ。シーズン中に五〇〇キログラムほど採れて一年の生活費が十分に稼げた。それが今ではほとんど採れない。原因はアカマツが松くい虫にやられて枯れ果てたことによる。松林に甚大な被害をもたらす松くい虫被害は、北米原産の「マツノザイセンチュウ」という体長一ミリメートルにも満たない線虫が松の樹体内に入ることで引き起こされる。その線虫を松から松へ運ぶのが「マツノマダラカミキリ」というカミキリ虫である。輸入木材とともに国内に侵入したといわれている。

マツタケの国内生産量は、ピーク時一九四一（昭和一六）年の一万二二二二トンと記録にある。昭和三〇年代は三五〇〇トン前後、昭和四〇年代は一〇〇〇トン前後、二〇〇五年が一四九トンで現在四〇トン程度まで落ち込んだ。その代わりに、国産と比べて香りに劣る中国や韓国、北朝鮮、カナダなどから二三〇〇トンほど輸入されている。このように水際検疫にも限界があることを認識すべきである。

輸入にほとんど依存している菜種はその八〇パーセントがカナダから来ているが、それは除草剤耐性の遺伝子組み換え種である。輸入された菜種種子が国内搬送途中にこぼれ、道端で育ち在来種と交雑した交雑菜種が三重県で見つかり問題になった。野生のアブラナ科植物にこの除草剤耐性遺伝子が混入すると、野山に生息する雑草にもこの除草剤耐性遺伝子が拡散する。そうなると除草剤のききが悪くなり、除草剤の使用量が増えて環境に悪影響がでてくる。世界の交流がどんどんと進んでいる昨今、動植物の疫病のグローバル化は避けられない。水際でいかに防ぎ、発症した場合は感染の拡大を最小限に抑える体制を国を挙げて強化することが肝要である。遺伝子組み換え食物に関しては次章で詳しく述べる。

第四章　高まる食への不安

一　遺伝子組み換え

遺伝子組み換え食品とは、品種改良のために遺伝子技術を応用して作られた作物である。遺伝子組み換え作物には基本的に二種類ある。一つは害虫が作物を食べると死んでしまう殺虫成分を遺伝子内に組み込んだもの、もう一つは除草剤に耐性のある遺伝子を組み込んだものである。つまり除草剤耐性や虫害抵抗性などを持つ作物で、大豆、トウモロコシ、菜種、綿などがある。

食糧危機などの背景が、増収を実現できる遺伝子組み換え作物の栽培面積を急増させている。商業栽培が開始された一九九六年以来二〇年間に栽培面積が一〇〇倍に拡大し、これは世界の全農地の約一〇パーセントに当たり栽培国も二八か国に広がった。そのうち二〇か国は発展途上国で、八か国がアメリカ、カナダを含めた先進国である。なお日本では遺伝子組み換え作物の商業栽培は行われていない。

遺伝子組み換え食品について消費者はその安全性に強い関心を持っている。公的機関により安全性が確認されているとはいうものの疑問が残っており、それは過去自然界に存在せず遺伝子操作により新たに作り出された食糧だからである。放射能汚染アレルギーのように、この新しい食糧が将来長期にわたり人体に悪い影響を及ぼすのではないだろうかと懸念する。

そのためスーパーで販売されている身近な食品である豆腐や納豆を購入する際に「遺伝子組み換え大豆は使用していない」というものを選択する。しかしながらこれだけでは安心できない。われわれの食卓にはたくさんの遺伝子組み換え作物を原料にした食品が並んでいる。これらを毎日食べているのである。一般の消費者にはその事実が分からない。日本は食糧の六〇パーセント以上を輸入し、しかもその食糧がきているアメリカ、カナダ、中国、ブラジルでは広範囲に遺伝子組み換え作物が栽培されている。

たとえば自給率七パーセントの大豆は大半を輸入に頼っているが、そのほとんどがアメリカからで残りはカナダ、ブラジルから来ている。アメリカでの大豆は約九〇パーセントが遺伝子組み換え作物である。輸入されている三〇〇万トンの七〇パーセントが搾油用で大豆油の原料として使われているので、日常使用されている油は間違いなく遺伝子組み換え食品である。醤油もしかり。しかし市販されている豆腐や納豆のように法律で定められている表示義務がないので消費者には分からない。われわれは、知らずに遺伝子組み換え食品を消費しているのである。

国内の大豆の生産量は二三万トンほどで、生産性の落ちる非遺伝子組み換え大豆を手に入れるのが難しくなっている。価格は輸入物より相当高い。スーパーで売られている豆腐はほとんど「遺伝子組み換え大豆不使用」の表示があるが、今問題になっている食品偽装が発覚し、遺伝子組み替え大豆を使用した豆腐が見つかった。価格競争を乗り切るため高い国産の代わりに安い輸入品を使う商売人のモラルが問われる。なお表示の面でも、原料の五パーセントまでは遺伝子組み換え大豆を使っても「遺伝子組み換え大豆不使用」の表示ができることも知っておくべきだ。

家畜の餌になるトウモロコシは一六〇〇万トンほど輸入されていることはすでに何度も言及した。ほとんどがアメリカ産で配合飼料の主原料として使われている。これも遺伝子組み換え作物である。日本で飼育されている肉牛、乳牛、豚、鶏が食べ、その肉、牛乳、乳製品、卵をわれわれは毎日食べていることも認識しなくてはならない。

トウモロコシが食品として使われる場合の代表格にコーンスターチがある。その用途として多いのが水あめや糖化原料で、ケーキやアイスクリームなどの菓子類によく使用される。かまぼこやソーセージなどにも使われている。日本のビール瓶に印刷してある原料表示をみるとモルト、ホップ、コーンスターチ、米となっており、ここでも輸入トウモロコシが使われている。

このように遺伝子組み換え作物は多数の食品に使用され、われわれは日常的にそれを食べているにもかかわらず実感が持てない。また遺伝子組み換え技術で作り出した食品添加剤も多く、たとえば加工食品に多用され包装に表示されている調味料（アミノ酸等）やビタミンB_2などがそれに当たる。

これまでの科学的な実験、検査では安全であるといわれているが、遺伝子組み換え作物の商業栽培が始まってまだ二〇年と日が浅い。自然の法則を変更したこの新しいバイオテクノロジーはどこかで副作用をかもし出すかもしれない。われわれは今後も科学的な検証を怠らず、一方では過度にネガティブな反応を控え、自らが納得のいく判断をして対処していくことが必要である。

二　動物医薬品の多用

アメリカやカナダでは、牛を短期間で肥育させ飼料効率を改善するために、成長促進剤としてホルモン剤の投与が行われている。また日本市場の要求に合うようにできるだけやわらかい霜降のある牛肉を供給するため、狭い囲いの中で穀物主体の配合飼料を与えて集約的に肥育を実施している。これはフィードロット形式といわれ、ここではほとんどの場合ホルモン剤が使用されている。その結果アメリカ産の牛肉には、女性ホルモンの一種であるエストロゲンが国産牛肉と比較して約六〇〇倍残留しているといわれる。エストロゲンは女性の成長に必要なホルモンであるが、外部から摂取するとがんの発症に関与してくると考えられている。牛肉消費量の増加とともに、ホルモン依存性がんの患者数が約五倍に増加していることから、アメリカ産牛肉ががんの原因であると示唆されている。

牛肉輸出国では一般的にこのホルモン剤が使用されている。こうしたホルモン剤の利用で肉や牛乳に微量のホルモン剤が移行し、人がこれを摂取するとホルモンバランスを大きく崩す恐れがある。もともとホルモンは微量で大きな働きをするものだから、ごく微量であっても危険性を無視できない。ヨーロッパでは成長ホルモン剤の使用を禁止し、ホルモン剤を使用した北米産の牛肉の輸入を禁じている。日本でも治療用以外には使用していないが、輸入時における残留ホルモンの検査はやっていない。

またフィードロットでは抗生物質も使われている。本来家畜の病気が蔓延するのを防ぐため、発病が発見されたときに短期間集中的に使うべきものである。でも病気は一気に広がることも多く、それでは手遅れになってしまうので予防的に使われている。

さらに一部の抗生物質は家畜の成長を促進させるためにも使用されている。抗生物質は特定の細菌の増殖を抑える働きがあり、これを家畜に投与すると当然にして家畜の胃腸内に常在する細菌の一部もダメージを受けて増殖が抑制される。すると与えた抗生物質の種類によっては、常在細菌による栄養消費が減り、その分宿主の家畜に栄養が回って飼料効率が上がり、成長を促進させることになるという原理である。とんでもない抗生物質の使われ方であるが、少ない飼料で大きく成長させることができるので効率が上がり多用される。

家畜への抗生物質の乱用は、多剤耐性菌を生み出すもとにもなる。その結果、人体にも動物にも耐性が作られ新たな感染症の治療が困難になり、これが人に悪影響を与えるので問題になっている。スーパーでは、定番商品である豚肉をアメリカから輸入している。アメリカの食品医薬局は、アメリカで流通している豚肉の七〇パーセント近くが抗生物質に耐性を持つ菌に汚染されていると警告している。現実の問題として、昨年アメリカの疾病対策センターが「アメリカ国内で二〇〇万人が抗生物質に耐性を持つ菌に感染して、この結果二万三〇〇〇人が死んでいる」と発表した。

中国やタイの養鶏場でも成長ホルモン剤・抗生物質を大量投与している。鶏は工業製品のようなものだ。成長スピードを速め次々と出荷できればそれだけ儲けが大きくなる。

中国の食肉加工業者が病死した鶏を使った事件が数年前に起った。廃棄すれば一円にもならずおまけに余分の費用がかかる、黙って売ってしまえば利益になる。拝金主義の前にモラルなどないようだ。

このようなホルモン剤や抗生物質は水産物の養殖場でも使用されており、特に集中的に行われている養殖場では病気が発生しやすいのであらかじめ抗生物質が使われている。輸入のほとんどを依存しているエビは東南アジアで養殖されているものである。効率よく魚を生産するために狭いところでたくさん飼う。人間でもそうだが、狭いところに多くの個体が閉じ込められるとストレスを感じ不健康な状態になる。魚の場合、ストレスに加えて狭いところで体が触れ合い傷ができやすくなる。そこから病原菌が侵入し病気になる。それを防ぐために大量の抗生物質や抗菌剤が使用される。これは国内の養殖事業にも当てはまることである。

写真２　魚の養殖生簀

以前どこかのテレビ局で養殖事業に関する特集をやっていたのをみたことがある。薬剤投与が原因で奇形して、市場にだせないハマチが山積みされていた画像に衝撃を受けた。しかしこれも調理済みのフライや寿司ネタとして形を変えて市場にでるというのでさらに驚いたことを思い出す。

養殖場ではハマチを一キログラム増やすのにイワシなどの生餌が一〇キログラム前後必要になる。毎日これだけの量の餌が長期にわたり与えられるとその残滓で水底にはヘドロが蓄積し、波で残滓が巻き上がると酸欠状態になる。これが原因で多くの魚が死んだことがある。環境汚染も進む。ウナギなどの養殖には配合飼料が使われる。遺伝子組み換え作物である輸入穀物が使われる。これらの魚を消費する人体に対する影響はないのだろうか。

今日われわれが食べている水産物は養殖ものが多くなっている。スーパーなどで販売されているハマチ、ウナギ、エビ、ニジマス、タイなどにも「養殖もの」という表示をよくみかける。使われている薬剤はその使用方法について法律で厳しく定められているので、それに従って使えば魚に薬剤が残留することはほとんどないといわれているが、はたしてそうなのだろうか。テレビで報道されたことを思い出すとそれを素直に信じられない。輸入された養殖エビなどに抗生物質が基準値以上検出され廃棄処分になったことが過去には幾度もある。それも一部の食品に行われた検査でのことである。無検査で市中に出回り食卓に供せられたものは大丈夫だろうか。

三　食品汚染に憂思

残留農薬

日本では原則使用禁止されているが、海外からの小麦、トウモロコシ、オレンジなどの農作物には、防カビ剤、殺虫剤、殺菌剤などが収穫後に保存性を高めるために使用されることがある。これらの薬品が残留するケースが輸入検査時に摘発されることが多い。いわゆるポストハーベスト農薬である。

輸入食品は航空貨物で輸入される野菜などは別として、通常海上での長い航海を経て日本に到着する。たとえばアメリカからであれば一〇～二〇日間、南米ブラジルからだと一か月近くかかる。日本に到着するまでに腐敗したり、虫に食われたり、カビが生えたりする。輸送中に毒素を作り出す生物もいる。

代表的なものにアスペルギルス・フラバスというカビがある。輸入にほとんど依存している小麦などの穀類によく生える。このカビが作る毒素が「アフラトキシン」というカビ毒で、天然物の中で最強の発がん性を持っている。このカビ毒は煮ても焼いても減らないので、カビの発生そのものを抑えることが重要になる。だから輸入食糧に保存剤などのポストハーベスト農薬を使用することを認めざるを得ない。たとえばアメリカのレモン、グレープフルーツ、オレンジなどの周りに塗る防カビ剤がある。収穫後輸出する前に塗って効果を持続させる。

中国から来る野菜などで農薬汚染が問題になったことをきっかけに、日本は農薬検査で現在「ポジティブリスト」制を採っている。それ以前の「ネガティブリスト」制ではリストに載っていない農薬については規制できなかったので、今の制度ではリストに載っていない農薬にも一律で残留基準が適用されている。

しかし検査方法として採用されているモニタリング検査では十分に信頼できないことが起きている。この検査は、前の章で説明したように食品衛生法違反の確実性が高くないものについて年度計画を策定して行われ、(品目ごとの輸入量と過去の違反状況を考慮して) 輸入食品の安全性を高めるための検査である。しかしこの検査で残留農薬違反でないと判断されても国内流通の際に行われる地方公共団体、食品衛生研究所などの検査では違反があるとされた食品が明らかになっている。

日本の検査技術は世界でも先端をいくものだが、検査対象になる輸入食品が少ないため厳格な検査を経ずに国内に流通することになる。ここに安全性の問題がある。

スーパーなどで売られている野菜は残留農薬があっても当然残留基準値以下でなくてはならない。しかし国や地方公共団体による抜き打ち検査で、国内外を問わずほんの一部ではあるが基準値以上の残留農薬の存在が検出され問題になるケースがある。「野菜や果物の表面に農薬が少し付着しても、水洗いや調理で除去できるので心配ない。また残留基準値以下の野菜や果物を毎日一生食べ続けなければ問題ない」という専門家がいるが、それをうのみにしてもよいのだろうか?

また想定外の事件も起こり得る。人に害を及ぼすため故意に多量の農薬や使用禁止の添加物が食品に混入される事件が中国や日本で起きた。一般の主婦が起こした毒入カレー事件は記憶に残っている。これは尋常なことではない。食品テロである。現実的にはこれを防ぐのはなかなか難しいが、ここにもリスクは隠れている。

放射性物質

二〇一一年に発生した東日本大震災の影響で福島の原発事故が起きて以来、放射性物質に関する関心が再び高まった。それまで聞きなれなかったベクレル、シーベルトという放射性物質を計量することばが頻繁にメディアで使われるようになった。放射性物質が人体に及ぼす影響が大きいからである。日本は世界で唯一原子爆弾を受けた国である。放射能を浴びた影響で、終戦後七〇年にもなるのに今でも後遺症で苦しんでいる被爆者が大勢いる。

日本では発芽を止めるためジャガイモだけに認められている食品に対する放射線照射は世界的に実用化が進んでいる。特に香辛料や乾燥野菜の殺菌である。放射線照射は加熱処理とは異なり、香辛料類特有の香りや色といった品質に影響を与えずにカビや耐熱性芽胞菌などの微生物を殺滅することができる。そのためEU諸国をはじめ米国、ブラジル、中国、韓国、タイ、南アフリカなど多くの国で、香辛料や乾燥野菜類への照射が実施されている。

また、サルモネラ菌や病原性大腸菌などの食中毒対策として、米国、ベルギー、フランス、ベトナム、インドネシアなどでは、殺菌を目的とした肉や魚介類への照射が実施されている。中国では、ニンニク、バレイショ、タマネギの発芽防止を目的とした照射も行われている。

放射線照射は、殺菌、殺虫、発芽抑制のために行い保存性を高めることができるが、問題とされるのは放射線照射によって生成される物質（放射線照射生成物）が有害なのではないかということである。放射された食品中に放射線が残っていて食品中の成分、栄養、味、性質に変化をきたし毒性を示したり、人体にも影響を与えたりする場合が考えられる。

実際にラットによる実験で生殖機能の卵巣に変化がみられたり、死亡率が増加したという結果が報告されている。一九九八年ドイツ・カールスルーエ連邦栄養研究センターで、照射によりできる化学物質の一つである2－ドデシルシクロブタノンをラットに与えたところ、細胞内の遺伝子を傷つけたという報告がある。実際のところアメリカでは一時使用を停止したいきさつもある。遺伝子組み換え食品と同様に、安全性についての疑問が解消されず、またその必要性についても疑問が持たれている。政府や特定の企業などの管理に置かれていることなどにも問題がある。

しかも現在照射食品を検査する方法が公的には確立されておらず、輸入食品が照射を受けたかどうかの判定がつかない。あくまで輸入業者の自主検査、申告に任せているような状態である。これで国民の健康を守ることができるのであろうか。

ダイオキシン

一九六〇年代に米国がベトナム戦争において散布した枯葉剤の中に副生成物としてダイオキシン類が含まれており、がん、流産等が多発するとともに奇形児誕生が大きな問題になった。下半身がつながった結合双生児としてベトナムで産まれたベトちゃん、ドクちゃんの映像をみてわれわれは大変な衝撃を受けた。

日本では一九八三年に都市ごみ焼却炉の飛灰の中からダイオキシン類を検出した。化学物質であるダイオキシンは発がん性、生殖機能・免疫機能への影響が心配されている。ダイオキシン類は大気、排水などから河川を通じて湖や海に流れ込み水中や沼底に蓄積される。それがプランクトンなどの食物連鎖から魚介類に蓄積され、それらを食べることで人体に摂り込まれる。

日本では大気汚染防止法施行令や廃棄物処理法施行令等で耐容量を設定し、汚染状況はダイオキシン類特別措置法に基づき常時監視・報告されている。ダイオキシン類の汚染実態や人に対する影響等についてまだ十分に分かっていないので、今後の対策として早急に十分な実態調査を行い、同時に発生を抑制するための対策を強化することが引き続き求められる。ダイオキシンの発生の大きな原因はゴミの焼却であるので、ゴミを減らすことを一層進めることが必要である。また、一〇〇〇℃以上の高温で完全燃焼させると発生を制御できるといわれているので焼却設備の改善も求められる。個人レベルではまず「ごみを減らすこと」「不要なものは買わない・もらわない」「再利用できるものは再利用する」「いらなくなったものは分別し、リサイクルできるものはリサイクルする」といったことが必要である。

加齢とともに体内のダイオキシン濃度は高くなっているとの報告があり、「ダイオキシンで汚染された食品は避ける」「体内に蓄積されたダイオキシンはなるべく早く排出させる」といったことが必要となる。ダイオキシン排出のためには、食物繊維や葉緑素を含んだ食品の摂取が効果的とのことである。

日本では食用米ぬかに含まれていたダイオキシンが原因とされるカネミ油症事件が有名である。これは北九州市小倉にあるカネミ倉庫株式会社で作られた食用油（こめ油・米糠油）の製造過程で、脱臭のために熱媒体として使用されていたＰＣＢ（ポリ塩化ビフェニル）が配管部から漏れて混入し、これが加熱されてダイオキシンに変化したというものである。このダイオキシンを油を通して摂取した人々に、顔面などへの色素沈着や塩素挫瘡（クロルアクネ）など肌の異常、頭痛、手足のしびれ、肝機能障害などを引き起こした食糧汚染公害事件である。「美容と健康にいい」そんな宣伝文句で売られていた米ぬか油に猛毒のダイオキシン類が含まれていたのである。ダイオキシンは微量なりともすべての食品に含まれており、無害になるまで数十年かかるので、環境と食物汚染は存在する。人体の安全にかかわる問題である。

輸入食品については輸入の際ダイオキシン類の検査はほとんどされていないのが現状で、特に輸入される水産物には十分な注意が必要である。

食品添加物

食品衛生法によると、食品添加物とは「食品の製造過程、または食品の加工、あるいは保存の目的で、食品に添加、混和、浸潤その他の方法によって使用するもの」とある。甘味、酸化防止、保存、着色、香料、膨張、漂白、乳化、防カビなどの用途に使う物質である。

そして食品添加物は「指定添加物」「既存添加物」「天然香料」と「一般飲食物添加物」の四つに分類されている。この中で消費者が特に関心を持っているのは、厚労大臣が使用許可をして食品衛生法に収載されている「指定添加物」であるがその中でも人工的に作り出された合成化学物質である。

事業者は食中毒や食品の品質劣化に神経質になる。そのため不可欠な添加剤として保存剤、酸化防止剤、防カビ剤、殺菌剤などを使用している。一方消費者は見栄えや旨さを要求するので漂白剤、発色剤、甘味剤、香料、調味料などが必要になる。

これらの添加物の安全基準に関しては厚労省の食品衛生分科会でさまざまな安全性試験の結果を参照し審査され、最終的に食品安全委員会が評価基準を設定する。ここでは人が一生かけ食べ続けても健康に悪影響を与えない量を定めて一日の許容摂取量を決める。戦後間もないころ食品添加物は五〇品目程度であったのが、加工食品の普及で急速に種類が増えて、今では約一五〇〇品目にもなっている。

輸入食品については食品検疫所で検査をしているが、全届出の一〇パーセント程度しか検査をしていないので違反食糧のすり抜けがあっても不思議ではなく、それが市中に出回りわれわれの食卓に登場するのである。食品添加物に関しては国によって使用基準に違いが有り、そのために摘発されるケースが多い。

たとえば食品の保存のために多用されているソルビン酸カリウムは、ソルビン酸と同様に一番多く使用されている合成保存料の一つで、用途もソルビン酸と同様ハム、ソーセージや漬物などあらゆる食品に使われている。日本の食品添加物の評価基準（一日許容摂取量）では体重一キログラムに対して二五ミリグラム、使用限度は原料一キログラムに対して〇・〇五〇〜三・〇グラムと決められているが、多くの国の基準はこれよりも緩やかなので日本の検査にひっかかりやすい。われわれが神経質になる理由は、この添加物が人体の成長不順、腎臓肥大や発がん性などの可能性があるからである。

また二酸化硫黄は、かんぴょう、乾燥果実やワインなどに使用される漂白剤の一種である。酸化防止剤としての役割も果たしており、ワインの歴史が長いヨーロッパでは、昔から二酸化硫黄を酸化防止剤として使用している。二酸化硫黄は自動車の排気ガスや火山ガスにも含まれている。別名亜硫酸ガスともいうが、毒性の強い食品添加物の一つである。使用限度は、かんぴょうは五〇〇〇ｐｐｍ、乾燥果実は二〇〇〇ｐｐｍ、ワインは三五〇ｐｐｍと定められている。以前乾燥果実での使用限度は三〇ｐｐｍであったがアメリカではより緩和された数値になっているのでその圧力の結果現在値になっている。人体への影響は、ラットを使用した動物実験で、肝臓に悪影響を及ぼす可能性があることが分かっている。

輸入されているかんきつ類（オレンジ、レモン、グレープフルーツ）やバナナなどには長時間輸送中にカビが発生する。そのカビの発生を防止するために防カビ剤が使われている。使用しないとほとんどのかんきつ類はカビが発生してだめになる。だからポストハーベスト農薬が使われていることはすでに述べた。日本ではポストハーベスト農薬の使用は禁止されているが、アメリカの強い要請で添加物として使用を認可した経過がある。一般的には防カビ剤をワックスに溶かしてその液にかんきつ類を浸したり、表皮に塗布あるいは噴霧したりして使用されている。スーパーなどで販売されているアメリカ産グレープフルーツを手に取ったときぬるりとした感触を持った記憶があるだろうが、それがこのワックスである。防カビ剤が表皮に残留して、洗剤、アルコールまたタワシなどでごしごしと洗浄してもあまり除去できないことが公の機関によるテスト結果で明らかになっている。

子供たちに人気の高いウィンナーソーセージを見てみよう。商品には一般的に次のようなラベル表示がしてある。アンダーラインのあるところが添加物である。使用されている添加物を見てみよう。

ウィンナーソーセージ
豚肉・鶏肉・結着材料・食塩・砂糖・香辛料・調味料（アミノ酸等）・リン酸塩（Na）・カゼインNa・pH調整剤・酸化防止剤（ビタミンC）・保存剤（ソルビン酸）・カルミン酸色素・発色剤（亜硝酸Na）

・調味料には食べ物の「旨味」をだすためにグルタミン酸ナトリウムなどのアミノ酸が使われている。欧米などではよく知られた毒性があり、多量に摂取すると全身のしびれ、頭痛、めまい、痛風などが起こる。

・リン酸塩のリンの摂り過ぎは鉄分の吸収を妨げカルシウムが減少する原因になる。多量に摂取すると石灰沈着が起こり、骨中のカルシウムが溶け出す危険性がある。

・カゼインNaは安定剤、乳化剤、強化剤（タンパク質）として使われる。牛乳たんぱくから作られるので牛乳に対しアレルギーのある人は、摂取するとアナフィラキシー等の過敏症状を発症する恐れがある。またカゼインNaを動物に、体重一キログラム当たり〇・四〜〇・五グラムを五日連続で経口投与すると、中毒を起こしその半数が死亡するという報告がある。

・pH調整剤とは食品のpHを適切な範囲に調整し、食品の変質や変色を防いで品質を安定させ日持ちをよくしたり、ほかの食品添加物の効果を向上させたりするために使用するものである。摂り過ぎると骨粗しょう症の発症リスクが高まるといわれている。

・酸化防止剤は、加工食品が酸素に触れると酸化して風味や色合いが悪くなるのを防ぐために添加される。ビタミンCは健康に被害を及ぼすことはないといわれている。加工食品に一般的に使用されている酸化防止剤にはブチルヒドロキシアニソール、エリソルビン酸、ジブチルヒドロキシトルエンなどがあるが、これらはがんを誘発したり、遺伝子に損傷をきたしたりする恐れがあるといわれている。

・保存剤には安息香酸、ソルビン酸、デヒドロ酢酸などがあり、使ってよい食品と量が食品衛生法で決められている。その基準値を超えて使用すると違反になり、量が多い場合は、すでに記したように人体の成長不順、腎臓肥大を生じたり発がん性物質に変わったりする可能性がある。

・カルミン酸色素はエンジムムシ（中南米原産の昆虫）から得られたカルミン酸を主成分とする赤色の合成色素で変異原性が指摘されている。変異原性とは生物の遺伝情報（ＤＮＡあるいは染色体）に変化を引き起こす物質で、発がんや奇形の原因になる。また喘息やアレルギー発作も報告されている。しかし色調や風味をよくする効果があるので、ソーセージなどの加工には欠かせない。

・発色剤として硝酸カリウム、亜硝酸ナトリウムなどの使用が許可されている。食肉の鮮やかな色は加熱したり、空気中に長時間放置したりすると酸化していかにもまずそうな色に変色する。これらの添加物は食品の美しい色を保つために使用されるが、人が過度に継続して摂取すると急性中毒症になり、嘔吐、血圧降下で致命的な中毒になる。また発がん性物資が発生する危険性があることも知られている。

・ソーセージなどの肉加工品を製造する際には、塩せきといって風味や肉質、保存性の向上などの目的で原料肉を食塩や発色剤（亜硝酸ナトリウムなど）、砂糖、香辛料などに漬け込む工程がある。ここでも過量の発色剤が体内に入ると発がん物質を作るとされている。

遺伝子毒物など毒物研究の専門家である西岡一先生（同志社大学）が、いまから三〇年以上前にチューインガムは化学物質の固まりで人の健康に悪い影響を及ぼす危険性があると『食害』という本で書いておられた。それによるとガムの成分は①基礎剤、②甘味成分、③乳化剤、④着色料、⑤その他で構成されており、ガム全体の三〇パーセント近くを占める基礎剤には合成樹脂類が使われているので原料成分が微量に残留していると皮膚炎、高血圧、貧血、眼障害、浮腫などを起こす毒性がある。シュガーレスガムにはソルビットが使われているので摂り過ぎると下痢をすることがある。乳化剤として使用されているグリセリン脂肪酸エステルは、肝臓や腎臓に障害を与えるなどの毒性がある。着色料として使われているタール色素は発がん性の心配がある。こうして見てみるとチューインガムにもさまざまな毒性があることが分かる。

厚労省の衛生研究所が、日本人は一人当たり毎日三・二グラムの食品添加物を摂っていると報告している。これは一年間に一キログラム以上を身体の中に入れている計算になる。イギリスでは一年間に四キログラムの食品添加物を摂っているという調査結果も報告されている。恐ろしい現実である。そしてこのことが人間の生殖系、脳神経系、免疫系などに悪い影響を及ぼしているという研究発表もでている。

しかも体内に入れている添加物は一種類だけとは限らない。食品にはさまざまな添加物が同時に使用されている。決められた添加物の摂取許容量はそれぞれの添加物ごとに定められているが、多種類の添加物を同時に摂取した場合、人体に及ぼす影響に関する詳しい実験データなどはない。添加物はたとえ安全とされるものでも、それが体内でどう複合的に作用し次代にわたってどんな障害をもたらすのか、実はまだよく分かっていない。しかも戦前には顕著ではなかったがん死亡率がトップになり、最近のアレルギー児の急増とか、異常児発生率の高さ、不妊の人の増加など不安な現象は次々と起きている。加えて大気汚染、水、環境悪化などで化学物質はさらに体内の許容量オーバーに近づいているといわれている。

スーパーの惣菜売り場で「添加物を使用していません」「無添加です」というような宣伝文句をよくみかける。つまり添加物を使用していないから安全であるということを消費者に訴えているのである。他社の惣菜は添加物を使っているので安心できないといいたいのだろう。食品添加物は怖いと思っている消費者心理を見抜いた販売である。本当にそうなのだろうか。調理の段階で添加物を使っていなければ、惣菜に添加物がないといえるのだろうか。輸入された食材は国産と比べて安い。だから惣菜に使われている食材には輸入品が幅を利かせている。しかし輸入食材にはさまざまな食品添加物が使われている。これでも無添加だといえるのだろうか。

水道水の源水になる川には家庭からのトイレ、風呂、食器を洗った水やいろいろなところから流れてきた水が混ざっている。そこには当然雑菌や大腸菌がうようよいる。そのまま飲んだら病気に感染してしまう。そうならないように、浄水場では塩素を二回投入して病原菌を殺菌消毒する。塩素は水道水の安全を確保するために絶対必要なもので、水道法で一リットル当たりに〇・一ミリグラム以上の塩素が残るよう決められている。ただこの基準は、「浄水場から一番遠い家で最低〇・一ミリグラム」という条件なので、当然浄水場に近い家ほど塩素濃度が高くなってくる。最も浄水場に近い家では、塩素濃度が一リットル当たり一ミリグラム以上にもなるようだ。これはスイミングプールの塩素濃度よりも高い値である。

またごみやチリを除去するためアルミ成分が含まれた凝集剤を使用する。水道水で一番気になるのは塩素処理をしたときに発生するトリハロメタンで強い発がん物質である。水道水に不安を持っている人がたくさんいる。水道から直接水を飲んでいるのは全体の三〇パーセントぐらいといわれ、残りは蛇口に浄水器を取り付けたり、沸騰させたりしてから飲んでいる。それだけ水道水に不安を持っている。

食品を加工するときには水道水を使用する。水道水を使った食品を無添加食品といえるのだろうか？ 食品衛生法では水道水以外にも地下水を使うことも認められているが、二〇〇八年には大手ハム・ソーセージメーカーの工場で、井戸からくみ上げ使った地下水に水道法の基準値を上回るシアン化合物が検出された。シアン化合物は人体に有毒であり、濃度が高いとごく少量でも死に至る。このことからシアン化合物による中毒死を目的として、毒殺や自殺に利用されてきた経緯がある。

砂糖を精製するのに添加剤（加工助剤）を使用する。精糖工場では、糖液の清浄のため水酸化カルシウム、活性炭、イオン交換樹脂等が加工助剤として用いられる。これらは最終製品には残らないといわれているが、砂糖をたくさん使う食品も多い。間接的に添加物が混入する可能性をまったく無視することはできない。

このように食品の安全は使われる水や調味料などまで関係してくる。つまり加工食品は無添加ではありえないのである。ここまで心配すると怖くて何も食べられなくなる。無添加は安全だという思い違い、また添加物は全部危ないという思い込みは適切ではない。生きていくためには食べなくてはならない。食品にはリスクが伴う。リスクをいかに最小限にとどめるかが問われている。

一方食品添加物を使用しなければ食品をいつも安定的に供給できなくなり、食生活のバランスも崩れることになる。食品添加物が身体に悪いという人が多いが、食品添加物で日持ちの向上を図ることのできなかった時代には、食中毒で年間に一〇〇〇人以上の死者がでたという事実も無視できないのである。だから食品添加剤を使うメリットとデメリットを十分に検証して対応することが必要になってくる。

食品添加物は食べる前のひと工夫で半分に減らすことができる。添加物は食品加工の過程で加えられたもので、細胞の内部にまで組み込まれていないため、調理の工夫で簡単に落とすことができる。加工食品をお湯に通すと、ほとんどの食品添加物は短時間でお湯に溶け出してしまう。もちろん使ったお湯は必ず捨て、継続して料理に使わない。このひと手間が添加物を減らし、自分と家族の健康を保つ大きなポイントである。

四　食品偽装

食べ物で欺かれるというのは誰でも経験することだが、とりわけ旨いものを買ったり食べたりしたいときに騙されると怒りと失望で不快な思いをする。

食品偽装の歴史は長い。ワインに鉛や樹脂を混ぜてこくをだそうとした古代ローマ人やギリシア人に始まり、中世にはパンの目方不足などが横行した。米国でも南北戦争以後に食品の混ぜ物工作が問題となり法整備が進んだ。そして最近の日本でも食品の偽装工作の例を挙げることに苦労しない。

二〇一三年だけでもホテル、飲食店、百貨店などで食品偽装事件が次々と明るみにでた。賞味期限切れ食品の販売、内容物の偽称、不適切な表示、虚偽表示、原産地の偽称、虚偽メニューなどで、われわれが知りえたのは氷山の一角に過ぎないと思われる。この背景にはいろいろあるが、つまるところ、企業による利益追求のための工作活動である。国産と輸入物、天然ものと養殖ものでは価格差が大きい。同じ製品でもブランド物は価値が高い。ここに誘惑の手が伸びてくる。

偽装は簡単である。レストランや外食での表示に関して法的な厳格さがない。ビジネスの倫理が十分に確立していなければ利益追求のために消費者を騙すことはさして難しいことではない。普通の消費者にとって商品の見分けは不可能に近い。

たとえば国産の牛肉とアメリカ産牛肉の違いを見つけることは一般消費者にとってはたやすいことではない。販売されている表示を信用するしかない。輸入ウナギと国産ウナギの区別ができるだろうか。スーパーで販売されているウナギに国産と表示がしてあってもそれが本当に国産であることを判断できるだろうか。ヨーロッパ産のアンギュラ種と国産のジャポニカ種の区別などできっこない。どこのスーパーでもウナギは一年中販売されている。中国産が幅を利かせているが、年間の需要量が四万トンほどでほとんど輸入に依存している事実を知ると、国産（県名）表示のウナギが多いのに驚く。

店頭に並ぶ野菜が国内産か輸入物かは表示価格によってある程度判断ができるかもしれないが一〇〇パーセント確かではない。ましてや輸入物に国産表示がしてあっても分からない。

食品偽装の中でも原産地表示違反の例が多い。中国産の里芋が国内産として流通した事例がある。日本に輸入される里芋は洗浄されて泥が落ちている。この輸入里芋にわざわざ泥をつけて泥付き国内産里芋と偽装して通常の輸入価格よりも高く販売した。北朝鮮産のアサリを国内産表示で販売したケース、輸入牛肉を国内のブランド牛と表示して高値で販売したケース、中国産の水煮竹の子を輸入後国内で小袋に分散して輸入品の表示をしなかったケース、例を挙げれば切りがないほど違反が多い。

一流レストランで見せられるメニューに偽りがあるとは思わないのが普通である。メニューでオーガニック・有機野菜を使用の表示があってもそれが本当に有機なのか知る由がない。だからバナメイエビを「芝海老」と表示されても、若鶏をより高価な「ホロホロ鶏」とメニューに記載されても、冷凍魚を「鮮魚」と表示されてもあるいはサーロインステーキといって牛脂注入肉や成型肉をだされても消費者はその場ではそれを信じるしかない。

最近ではカタログショッピングやインターネットなどの普及で、店頭に足を運ばなくても自宅に居ながら食糧を手に入れることができる。ここでも偽装が相次いで発覚している。加工食品の原材料表示はそれを作った人間にしか分からない。

食品の品質表示を義務付けている法律には、主に生鮮食品を対象にしている食品衛生法と加工食品を対象にしているJAS法がある。生鮮と加工の見極めが複雑なケースがある。たとえば魚の切り身や刺身は生鮮食品であるから、「チリ産サケ」などと原産地を表示する義務が法律で定められている。しかし妙なことに「刺身の盛り合わせ」は加工食品扱いになっているので原産地を表示する必要がない。そのため国産、輸入が盛合わされていても分からない。また生鮮食糧の名称や原産地を表示する義務は、スーパーなどで販売されているものが対象になり、回転寿し店や居酒屋でだされるものには適用されない。そこではアワビの代わりに南米のロコ貝、ロース肉の代わりにモモ肉や成形肉が使われることもある。

スーパーや弁当屋で販売されている惣菜に使用している食材の原産地は表示していない。惣菜はパック詰めやバラ売り、量り売りと、さまざまな形で販売されている。現行の食品衛生法やＪＡＳ法では、製造場所を問わず対面販売やバラ売り、量り売りなどの容器包装されていない惣菜については、原材料に関する表示義務はない。容器包装している惣菜や弁当であっても、販売店舗と同じ施設内で製造されている場合、ＪＡＳ法では同様に表示義務がない。ファミレスや食堂などでだされる食べ物には輸入食品が幅を利かせている。経済性を追求するところでは単価の安い輸入食材が多用される。一部のレストランでは使用している食材の国内外の原産地を公表しているところもあるがまだまだ少数である。とにかく日本で製造されていても加工食品は輸入食材と深く関わっているのである。

食品偽装防止の政府の対策として農水省は広域で発生する重大事件に機動的に調査対応をする「食品表示特別Ｇメン」を設け、また一般の国民から食品の表示についての相談や情報を受け付けるために「食品表示一一〇番」を設置している。さらに消費者が日常の買い物を通して表示に関しての問題を通報してもらう仕組みとして、全国で約五〇〇〇名の食品表示ウォッチャーを任命し活動してもらっている。「食品表示一一〇番」には毎月一〇〇〇件以上の問い合わせや情報提供が寄せられている。

違反事業者に対しては当該事業者名を公表し、改善命令をだす。この命令に従わない場合は罰金か懲役の罰則規定が適用されるが、食品偽装はなかなかなくならない。騙されないためには消費者が商品知識を深め、企業の利益追求に関する感性を高め、本当に信頼できるところで食事や買い物をすることで自己防衛することが肝要である。

五　安全性への挑戦

食中毒

偽装問題よりも深刻なのは衛生上の問題である。この問題も最近枚挙に暇がないほど多発している。学校給食、レストラン、飲食店、病院、宅配、家庭で、細菌、ウイルスなどが原因で食中毒にかかり死者もでている。主な細菌やウイルスとしてサルモネラ菌、ブドウ球菌、ビブリオ菌、腸管出血性大腸菌―O一五七、ノロウイルス、E型肝炎などがある。

その中でも代表的なO一五七は古くから人間と共存していたといわれているが、食中毒の原因になる菌として発見されたのは一九八二年になってからのことである。それはアメリカでハンバーガー集団中毒が発生したときである。日本では一九九〇年に発生した埼玉県の食中毒が最初で、猛威をふるったのは一九九六年のことであった。

毎年厚労省が公開しているが、それによると一〇〇〇件ほどの食中毒事件が毎年発生し患者数が四~五万人で、一〇名前後が死んでいる。しかし実際の数字はこれよりもずっと多いと思われる。というのは食中毒症状で病院など医療施設で診断されたものだけが厚労省に報告されるからで、医療施設にいかない発症者の数は把握できない。

食中毒には、細菌が発生し感染する感染型と細菌が作り出す毒素が原因で発生する毒素型がある。感染型は細菌を殺すことができれば防げる。そのためにはまず加熱することで、ほとんどの細菌は一〇〇℃以上で沸騰させると分解される。毒素型の代表であるブドウ球菌が作り出すエンテロトキシンという毒素は熱に強く一〇〇℃ぐらいでは壊れない。この毒素は低温では生産されないので、調理後の食品をすぐに冷蔵保存する必要がある。

基本的に食中毒は菌が付着した食材を食べることにより発症するので、手を丁寧によく洗うことにより清潔にし、食器、調理道具を煮沸洗浄することなどで予防をする。食品はできるだけ早く消費し、そうでなければ冷蔵庫を活用して食材の温度管理を徹底する。また消費期限を守り、食材を加熱し、疑いのある食品には手をださないことにより防げるので、自己管理をしっかりすることが大切である。最近の食中毒事件を振り返ると、家庭よりも学校、食堂、病院など公の場所での発症が多い。これに関しては企業や団体の公共衛生モラルが問われる。

HACCP

ＨＡＣＣＰは一九六〇年代に米国で宇宙食の安全性を確保するために開発された食品の衛生管理の方式である。原料の入荷から製造・出荷までのすべての工程において、あらかじめ危害を予測し、その危害を防止（予防、消滅、許容レベルまでの減少）するための重要管理点（ＣＣＰ）を特定して、そのポイントを継続的に監視・記録（モニタリング）する。そして異常が認められたらすぐに対策を取り解決するので、不良製品の出荷を未然に防ぐことができるシステムである。
日本でも近年この制度を食品製造業に順次導入するよう積極的に促している。いままでの安全対策は、製造する環境を清潔にし、きれいにすれば安全な食品が製造できるであろうとの考えのもと、製造環境の整備や衛生の確保に重点が置かれてきた。そして、製造された食品の安全性の確認は、主に最終製品の抜取り検査（微生物の培養検査等）により行われてきた。この方法が依然主流で、日本ではＨＡＣＣＰはまだ十分に普及していないのが現状である。

トレーサビリティ（追跡システム）
二〇世紀末頃より遺伝子組み換え作物の登場や、有機農産物の人気の高まり、食品アレルギーやＢＳＥ問題、偽装表示、産地偽装問題などの発生に伴って、食品の安全性や、消費者の選択権に対する関心が高まっており、特に食品分野でのトレーサビリティが注目されている。
トレーサビリティ（traceability）は、物品の流通経路を生産段階から最終消費段階あるいは廃棄段階まで追跡が可能な状態をいう。日本語では追跡可能性といわれる。食品の生産や製造過程などの商品履歴情報を消費者に提供する流通システムで、ＥＵ、米国、オーストラリアなどでは食品全般を対象にトレーサビリティ制度を導入して義務付けている。
日本では、二一世紀になってから事故米穀問題の後、米トレサ法が施行され米及び米加工品の入荷・出荷の記録の作成・保存が事業者に義務付けられている。また牛トレサ法では家畜の飼育あるいは飼料植物の栽培から、流通、加工を経て消費者の口に入るまでの過程の追跡ができるように記録などを保存することが義務付けられている。食中毒などの事件発生時において、早期に原因究明と対応に利用できると期待されている。しかし事故麦問題が起きている麦やほかの食品に対してはまだ義務化されていない。早期の義務化が望まれる。

国民の食品に関する関心度は大変高く、小売業では積極的にトレーサビリティの導入を図っている。ある商品を生産から消費までの全過程で特定できるようにするために、各過程における記録と履歴が存在する必要がある。そして将来その記録や履歴を認証する制度が確立することを期待する。

身近なところではスーパーなどで販売されている農産品が特定の農家（生産地、生産農家の顔写真付き）から出品されているコーナーをみかける。これも消費者に食糧の安心を提供する方法である。消費者は生産者の顔が見えることで安心できる。

また大手のスーパーではＰＢ商品の開発が進んでいる。一つの例としてイトーヨーカ堂が「顔が見える野菜」というシステムを導入し、イトーヨーカ堂のＩＤシールがついている野菜は、店頭及びイトーヨーカドーのホームページにて、いつでもこのＩＤを基に生産者と栽培情報が確認できるようになっている。加工食品では使われている原料や食品添加物を含め、製造業者の名前、住所、連絡先まで表示されている。農産物には今までそのような表示がなかったのが不思議ともいえる。今後ますます増加する輸入農産物についても情報公開が進むことを期待する。そしてその際その情報の信憑性に関してチェックできる管理システムの構築、導入が望まれる。

物流業界においては、荷貨物を確実に受荷主に届けるために欠かせない概念で、大手運輸会社などが整備・公開している貨物追跡システムなどはこれを具現化したものだといえよう（ただし、どちらかといえばトラッキング＝荷物がいまどこにあるかが重視されている）。トレーサビリティの基本的な要件は、①商品・製品などの管理単位を明確にし、それを個別識別してトラッキング（追跡）できること、②その記録をさかのぼってトレースバック（遡及）できることである。

物理的な実体があるモノの個別識別にはバーコードなどが使われてきたが、最近ではＩＣタグが使われている。社会基盤としてのトレーサビリティを実現するには、サプライ・チェインやフード・チェイン全体が一貫した仕組みでつながっていなければならない。そのためには技術と制度両面での統一化、標準化が求められる。こうしたトレーサビリティの構築は、複雑な流通経路を通って商品を手にする最終消費者に対して情報開示を積極的に行うことであり、顧客に自社の商品を選んでもらうための重要な施策になる。

ＩＳＯ九〇〇〇

国際標準化機構（ＩＳＯ）は、世界的に統一された産業上の管理標準として一九八七年ＩＳＯ九〇〇〇を「国際規格」として制定した。ＩＳＯ九〇〇〇は企業の自主管理を基本にしたシステムであり、顧客に対する自己管理責任を約束するものである。

日本では当初主にヨーロッパに輸出する企業が必要に迫られて取得していたが、現在では輸出を理由にＩＳＯを取る企業は減り、むしろＩＳＯを「管理システム」の一手段ととらえ体質強化を目標として取得する企業が増えている。また最近ではこのシステムが、企業の「顧客の要求する品質を提供できる」能力について審査・認定する仕組みを持つことよりも、企業が取引先の品質管理能力を判断するあるいは評価するための一つの基準として用いる例が増えている。

消費期限・賞味期限

スーパーで食品を購入するときに賞味期限、消費期限を調べ納得してから買い物籠に入れる。ハッキリしないのが、消費期限と賞味期限の違いである。お弁当やケーキなど長く保存がきかない食品に表示してあるのが消費期限、ハム・ソーセージやスナック菓子、缶詰など冷蔵や常温で保存がきく食品に表示してあるのが賞味期限である。基本的には「期限切れを食べない方がよい」が消費期限で、「期限が切れても十分に食べられる」のが賞味期限と覚えておけばよい。製造日を含めて約五日間劣化しない食品には「消費期限」、それ以上日持ちする食品に「賞味期限」を表示することになっている。ところがいつ製造されたのか表示がないので期限表示が正確かどうかは普通の人には判断がつかない。消費者は事業者を信頼する以外になすべを知らないのである。

平成二六年には中国の食肉加工業者が期限を大幅に経過した鶏肉を使用し生産販売していたこと、そしてその加工品を日本のファーストフード店が輸入し店舗で販売していたことが発覚した。このような食品偽装（期限の改ざん）の実情を知れば不信感が募るばかりである。期限設定は製造業者の判断に任されており、政府はそのためのガイドラインを提示しているだけで今のところ違反罰則などの法整備はできていない。

六　食糧の安全・安心とは

われわれの住む環境には人体に有害な物質が存在する。われわれが毎日食べる食品にもリスク要因が顕在する。すでに述べたように、食品は広範囲にダイオキシンに汚染されている。国内産、輸入を問わず加工食品に使っている原料は微量であれダイオキシンに汚染されている。現在「食の安心・安全」をうたい文句に健康食品、自然食品、無農薬、無添加とさまざまな食品が世の中に出回っているが、それらの商品は検査をすると間違いなく微量のダイオキシンが検出されるだろう。製造・販売業者は本当に安全を保障してくれるのだろうか。

これまで何度も指摘したようにわれわれが口にする食品のほとんどは輸入食糧がベースになっている。味噌、醤油、豆腐などの原料である大豆は、九〇パーセント以上輸入に依存しており、しかもそのほとんどが遺伝子組み換え作物である。ほとんどの加工食品、飼料に使用されているトウモロコシは一〇〇パーセント輸入されているが、これも遺伝子組み換え作物である。輸入されている畜産物や水産物にはホルモン剤や抗生物質が使用されていることはすでに触れた。輸入食品の衛生検査は平均して一〇パーセント前後にしか実施されていないことも検証し、さらにここでは違反食糧が検査をすり抜ける危険性があることを指摘した。そしてそのような食糧が、市場に出回り加工食品の原料として直接家庭の食卓に乗るのである。

それでは輸入品と比べて国内産がすべて安全であるといいきれるだろうか。すでに示した東京都による国内産と輸入品についての食品検査結果がそのあたりの事情を示唆している。国内で食品を加工するのにも輸入原料が多く使われている。そして食品加工には水や砂糖、食品添加物などを使用する。

また「天然こそ安全」という誤解もある。植物がビタミンやミネラルをはじめ多くの化学物質を持っていることは知られている。それは植物が必要としているものである。それに今日では化学肥料を大量に使っているので土地に化学物質が蓄積、残留する。また食糧自給率の低い日本は、大量の穀物を輸入しそれが食糧や飼料として用いられた後、かなりの部分が堆肥になって田畑に入れられる。堆肥には窒素分が多く含まれているので、日本の田畑は窒素過剰になっているところが多い。そのため日本では有機野菜にも硝酸塩が含まれる傾向がある。また季節外れの野菜では当たり前になっている施設栽培では、光線量が少なくて光合成が間に合わず、取り込んだ硝酸塩が使われずに残っている野菜が多い。さらには水耕栽培の野菜には硝酸塩が多く残っていることが分かっている。

輸入農産物にも、化学肥料が大量に使われているので多量の硝酸塩が含まれていることがある。どの農産物に多く含まれるのかは、個々に調べないと分からない。問題はこの硝酸塩がヒトの体内で還元され亜硝酸塩に変化すると、メトヘモグロビン血症や発がん性物質であるニトロソアミンの生成に関与する恐れがあるということである。

要するに国内産であれ、輸入品であれ、天然物であれすべての食品は安全であるとはいえない。一〇〇パーセント安全と保証できないのである。つまりすべての食品にリスクが存在するということである。

確率の問題に触れてみよう。われわれは毎日さまざまな交通手段を利用して移動している。交通事故で死ぬ人は年間四五〇〇人。一〇〇パーセント安全が保障されているわけではない。だけど食糧と同じで毎日の生活に欠かせない。死ぬことが心配で車を運転しなかったり、電車に乗らなかったりするだろうか。もちろん中にはそのような人もいるが、ごく一部である。人間は交通事故というリスクと背中合わせに生きているのである。二〇〇〇万トンも輸入されている野菜のうち残留農薬基準を超えるものがごく少数、〇・〇二パーセントほど見つかっている。たまたまそれを食べて健康被害に遭う確率はゼロに近い。交通事故よりも低い確率であろう。それでも人は心配する。

食の安全性に関するリスク分析とは「国民が食品を摂取することによって健康に悪影響を及ぼす可能性がある場合、その状況をコントロールし、食品事故を未然に防ぎ、悪影響の起こる確率や程度を最小にすること」と定義されている。

つまり食の安全とは、そのようなリスク要因を科学的に評価し最小限にコントロールできるかであり、消費者にとってできるだけ多くの調査、実験データに基づいた適切な判断ができるかということである。そのためにはもちろん行政、マスコミ、教育機関などが発する情報が重要になってくる。その上に個人の考え方や哲学がそれぞれの安心を築き上げるのである。

もう一つの重要な側面は食の安全保障の問題である。現在カロリーベースで四〇パーセントを切っている自給率がさらに低下すると食の安全保障の問題が一層厳しさを増してくる。野菜や果物など飽食の時代を反映して世界各国から珍しい野菜、果物が輸入されている。そのために国内産で自給できるのにもかかわらず自給率が下がっている。また大量に発生している廃棄食品の縮小、現在唯一一〇〇パーセント自給である米の消費を増やすことを心がけることによって自給率を上げることで、食に対する安心度を少しでも高めることができるのである。

すでに強調したように、現実問題としてわれわれが食べる食品に一〇〇パーセントの安全を求めるのは到底不可能である。どのような食品にも多少なりともリスクがある。だから与えられた選択肢の中でどのようなリスクを避けるか、それをいかに最小限にとどめるかは最終的には個人の価値観や選択である。

食品添加物に不安を抱いている人は、食べる前に湯どおしをすることで添加物は相当排除できる。遺伝子組み換え作物にアレルギーな人は、「遺伝子組み換えでない」表示の食品を選択する。農薬や化学肥料が心配な人は、無農薬・有機栽培作物を買い求め、ホルモン剤、抗生剤を多用した輸入食品を避けるなど、少しでも自分なりの安心度を上げる努力をする必要がある。生きていくため食べなくてはならない。これには選択肢はない。しかしなにをどのように食べるかには選択肢がある。

消費者の食品に対する安全・安心の判断基準はマスコミやインターネット上の情報などに影響を受けやすく、科学的な根拠に基づいての判断能力や知識に欠ける傾向にある。自分を守るためには食についてのオールラウンドの知識を深める努力を惜しんではいけない。このことが食の安心につながる道である。

第五章　今なぜオーストラリアか

本章では日本と大変緊密な関係を築いているオーストラリアについて食に関係するさまざまな角度から検証していこうと思う。「今なぜオーストラリアか」という問いの答えが見つかるであろう。

一　オーストラリアの食糧資源

オーストラリアの食糧生産額は日本の約半分であるが、自給率の低い日本と違ってオーストラリアの食糧自給率は二〇〇パーセント前後で推移している。先進国の中では一番自給率が高い国である。作っている食糧の半分以上を海外に輸出しているということになる。そのうち二〇パーセントが日本人の胃袋を満たしている。エネルギー資源や鉱山資源のみならず、戦後の復興期、高度成長時代から今日に至るまで、日本の食糧需要の重要な部分でオーストラリアの果たした役割は大変大きい。

オーストラリアの面積は七五〇万平方キロメートルで、約三七万平方キロメートルしかない日本の国土の二〇倍以上である。大部分が砂漠、荒野なので農耕に適した土地は、全体の三パーセントくらいしかないが、七五〇万平方キロメートルの三パーセントは、二二万平方キロメートルで日本の全面積（三七万平方キロメートル）の約六〇パーセントに当たる。日本はその国土の一四パーセント、つまり五万平方キロメートルが農耕に適しているので、比較するとオーストラリアの農耕用地は日本の四倍以上である。伝統的に盛んな放牧地は全体の農地の九〇パーセント以上であるので、これを含めば農家一戸あたりの平均農地面積は日本の二〇〇〇倍もある。農業がこの国の基幹産業のひとつであり、食糧自給率が二〇〇パーセントを超えているので、牧畜、酪農、穀物、果樹・野菜など

図４　日豪面積比較
（豪州観光局）

の収穫物全体の半分以上を海外に輸出している。

オーストラリアでは、農耕に適した土地の多くが大陸の東南部に存在し、この地域での四季は日本と逆になる。つまり、日本が夏の時はオーストラリアが冬である。日本での端境期、つまり収穫のない期間にオーストラリアでは最盛期に当たるので、この気候の違いは南半球に位置するオーストラリアにとっては有利に作用する。オーストラリアの農牧畜業は大規模でかつ土地代が大変安いので、生産コストは世界でも最も競争力のある国のひとつである。

気候条件も大陸の東南部においては、日照時間が日本と比較すると数時間長く、オーストラリアではさんさんと降り注ぐ太陽の恵みをより多く受けている。また、オーストラリアも四方を海に囲まれ、豊かな水産資源を持っている。しかし日本と比べて漁業の発達は限定的で、ごく限られた魚種の捕獲に留まっている。それよりも作る漁業が発達しており、日本向けには作る漁業からの水産物が多く出荷されている。オーストラリアは早い時期から日本向けに多くの食糧を提供してきたのである。

それではオーストラリアの食糧生産について具体的に解説していく。

オーストラリアの歴史は、一七七〇年イギリスによって領有され、一七八八年イギリスから送られた囚人の流刑地として始まった。その直後の家畜の数は馬が七頭、牛が九頭、羊が二九頭、豚が七四頭、ニワトリが二〇九羽であった。人口はわずか一〇三〇名。入植当時は食糧をすべて国外から持ち込まねばならず、食糧確保に大変な苦労が伴った。入植が進み土地の開拓

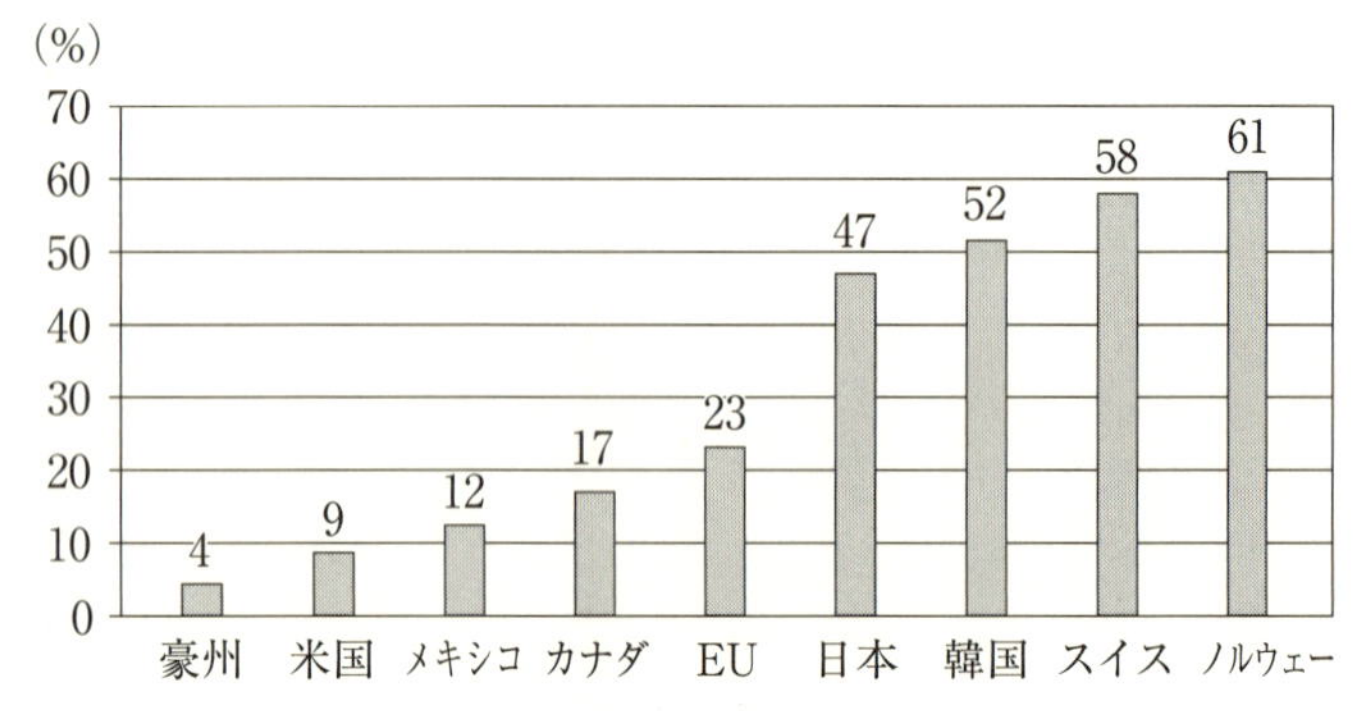

図５　政府補助依存度
（豪州農水林業省）

が進むにつれて、放牧業が発展し農業生産も漸増した。一七九〇年代になると南アフリカから持ち込まれたスペイン産メリノ種羊を使いオーストラリアの風土・気候に合う品種改良を重ね、オーストラリアのメリノ種を確立させた。世界で最も良質の羊毛を生産し輸出を始めるようになり、その後一九五〇年代までは羊毛生産で経済が支えられ発展をした。

その後羊毛に加えて牧畜産業をはじめ穀物、油種栽培が活発になり、入植後二二六年経った今日では農地が四億へクタール（日本の約九〇倍）で、四兆八〇〇〇億円の農業生産額が、一三万四〇〇〇戸の農家（就農人口は三〇万七〇〇〇人）によって生み出されている。日本では農業生産高が減少しているが、オーストラリアでは過去一〇年で三〇パーセント増加している。そしてオーストラリアで栽培、生産される農産物の六〇パーセントが日本をはじめ主にアジア諸国に輸出され、三兆五〇〇〇億円相当の外貨を稼いでいる（日本の農産物輸出は二六〇〇億円程度)。これは一農家が平均して六〇〇〇人(国内一五〇〇人、海外四五〇〇人)分の食糧を生産していることになる。

農業は一般的に国の補助金か助成金、高い関税などで保護されているが、オーストラリアの農業は自立性が高く、政府の援助は世界でも最低の四パーセントに収まっている(ちなみにアメリカ九パーセント、カナダ一七パーセント、日本は四七パーセント、韓国五二パーセント)。グラフ(図５)をみればこのことがよく分かる。

農業生産四兆八〇〇〇億円の主な内訳は、次のとおりである(カッコ内は日本の生産高)。

牛肉　七八〇〇億円(四六〇〇億円)
小麦　六八〇〇億円(三〇〇億円)
牛乳・乳製品　四〇〇〇億円(七五〇〇億円)
野菜　三三〇〇億円(二兆一〇〇〇億円)
果物　四五〇〇億円(七四〇〇億円)
羊肉　二九〇〇億円(ほとんどゼロ)
綿　二三〇〇億円(ほとんどゼロ)
鶏肉　二一〇〇億円(七五〇〇億円)
菜種　一八〇〇億円(きわめて小額)

大麦　　　　　　　一七〇〇億円（七〇億円）
砂糖　　　　　　　一三〇〇億円（一〇〇〇億円）
（日本と豪州の農林水産省の二〇一二～一三年統計から）

主な生産物について具体的に紹介すると以下のとおりになる。

穀物・油糧種子
ＡＢＡＲＥＳ（豪州農業資源経済科学庁）の予測によると、オーストラリアにおける二〇一三～二〇一四年度の穀物・油糧種子生産は四六〇〇万トン（一〇〇〇万トン）で、その内訳は小麦が二七〇〇万トン（八六万トン）、大麦九五〇万トン（一六万トン）、菜種三五〇万トン（一八七〇トン）、綿実二〇〇万トン（ほとんどゼロ）、ソルガム一三〇万トン（ほとんどゼロ）、米九〇万トン（八七〇万トン）などである（カッコ内は日本の国内生産量）。
油糧種子は菜種と綿実が主たる作物であるが、ほかにもひまわり、大豆、落花生、サフラワー、リンシードなども栽培されており、過去一〇年で油糧種子全体の生産量は倍増している。
菜種については二〇〇八年まで遺伝子組み換え種子は使用禁止であったが、現在は解禁されている。しかしすべての州で解禁されているわけではなく、南オーストラリア州、タスマニア州と首都特別地域は解禁に踏み切っていない。遺伝子組み換えに関しては依然強い懸念が示されている。

牛　肉

肉牛の飼育頭数は約二六〇〇万頭で、年間二〇〇万トン以上の牛肉を生産している。国内消費は年間一人当たり三五キログラム、全体需要は八〇万トンなので、一二〇万トンを輸出している。ブラジルに次ぐ世界第二の輸出大国である。飼育頭数はコンスタントに増加しており、二〇一五年には三〇〇〇万頭になると予測されている。輸出余力の拡大は急増しているアジアの需要を満たすことになる。

酪　農

オーストラリアの酪農業は、一七八八年入植時にイギリスから持ち込まれた七頭のメスと二頭のオスで始まった。今日では麦、食肉に次いで重要な産業である。主に大陸の東南地域で現在六七〇〇戸の酪農家（直接労働人口は四三〇〇〇人）によって営まれている。乳牛（メス）の数は一六五万頭で、年間の牛乳生産量は九二〇万トン（日本は一五〇万頭で年間八三〇万トン）である。生産量は世界水準では比較的少ないが、乳製品の輸出はニュージーランド、ＥＵに次いで世界第三番目である。しかも全輸出の二〇パーセントが日本向けである。

野菜・果物

肥沃な大都市近郊での生産が盛んである。オーストラリア大陸は広大で、南北三七〇〇キロメートルにも及ぶので熱帯から亜寒帯に広がっている。一年中豊富な種類の野菜・果物が栽培されており、常に四季の野菜・果物が店頭を賑わしている。温帯に属する東南部が冬であっても、自国で収穫されたあらゆる季節の果物や野菜が店頭に並び食生活を豊かにしている。これもオーストラリアならではの特長である。

また、ワイン作りのためのブドウ生産も活発に行われている。オーストラリアワインの知名度はまだ低いが世界四番目の輸出国に成長し、一〇〇か国以上に輸出して四〇〇〇億円の外貨を稼いでいる。全国六〇か所のワイン生産地域で二〇〇〇ほどのワイナリーがワインを作り、毎年世界のワイン品評会で金、銀、銅賞を多く取っている。

約二〇〇年で、それよりずっと長い歴史のあるヨーロッパ諸国に匹敵する、世界を代表するワイン産業を作り上げた。日本人のワイン消費量は一人当たり年間二・三リットルであるが、オーストラリアではその一〇倍のワインを飲んでいる。

砂　糖

オーストラリアでは入植時にヨーロッパから粗糖の原料になるサトウキビが持ち込まれ、今日ではクイーンズランド州からニューサウスウェールズ州北部の海岸線二一〇〇キロメートルに及ぶ広大な地域で栽培されている。年間三五〇〇万トンのサトウキビを収穫し、粗糖を約四〇〇万トン生産しその八〇パーセントを輸出している。ブラジルに次いで世界第二の生産・輸出国である。

塩

オーストラリアは日本と比較して二時間ほど日照時間が長い。海水の環境汚染もなく、世界で一番効率よく天日干しが可能な地域で、海岸近くに巨大な塩田を作り海水を蒸発させて塩を取っている。年間の生産量は約一五〇〇万トンで、その多くは西オーストラリアの海岸地帯で生産されており、その一部が、過去四〇年にわたって日本に安定供給されている。

水産物

オーストラリアの水産物の水揚げは、日本と比べると少ない。年間に約二二・五万トンで、二二三〇億円程度である。トップファイブは、伊勢エビ、サーモン、エビ、マグロ、アワビの順で、水揚げのほとんどが輸出されている。アジアからの移民が増大している状況で水産物の国内消費が伸びてはいるものの、この傾向は今後ともあまり変化がないであろう。そのうち養殖の占める割合は三五パーセントになっており、今後この割合は急速に大きくなると予測されている。現在養殖されている魚種は、サーモン、エビ、マグロ（蓄養）、アワビ、伊勢エビはもちろんのこと、カキ、ムール貝やタイ、ヒラメ、キス、ヒラマサなど多種多彩にわたり、今後一層の発展を遂げるであろう。

オーストラリアは、養殖に適した広大な空間があり、病気の発生も少なく、生産コストが世界的にも競争できるよい環境を持っている。エビの輸入に関しては昔から冷凍が主であったが、オーストラリアからは活きエビとして輸入されるケースが多くなった。現在クイーンズランド州で養殖された車エビは活きエビとして空輸され、築地市場に定期的に出荷されて日本の高級料理店に登場している。もう四〇年以上前から天然もののアワビ、伊勢エビなども生きた状態で日本に空輸されており、養殖されたカキやサーモンも日本向けに出荷されている。

また南オーストラリア州では一九九一年に日本の技術協力で南マグロの畜養事業が始まり、いまでは毎年八〇〇〇トンの高級マグロが日本に空輸されている。

養殖・畜養に適した環境は大変よい。高い技術、汚染のない素晴らしい自然環境、安価で容易に調達できる餌、低廉な生産コストなど国際的にも十分競争できる環境が整っているので、養殖事業は今後とも発展していき、近い将来漁獲量の半分に迫るだろう。

海に囲まれ長い海岸線を持ち漁業資源の豊かなこの国が、今後海洋資源の供給国として一層注目されることは間違いない。日本で重宝されている甲殻類、貝類、ウニ、わかめ、ひじき、昆布などまだまだ開発輸入の可能性が大きい。タコ、イカなどの軟体類も、カラマリのフライの需要があるぐらいで、現地の資源はほとんど利用されていない。現在タコ、イカなどに設けられている輸入枠が今後解消されれば大きな可能性がある。貝類に関しても研究の余地が大である。

有機栽培

オーストラリアは、世界最大規模のオーガニック認証農地を保有している。世界のオーガニック認証農地のおよそ三二・六パーセントを占める一二〇〇万ヘクタールである。これは日本の農地全体（四五六万ヘクタール）の二・六倍に匹敵する。オーストラリアの国土面積は世界総陸地面積の五・二パーセントなので、オーストラリアのオーガニック度は大変高いといえる。それだけ有機栽培に対する思いがほかの国に比べて強いといえる。

オーストラリアのオーガニック農産物を生産量別にみると、野菜、果物、牛肉がトップスリーで次に鶏肉、はちみつ、乳製品が続く。食品市場でのオーガニック作物の占有率は三パーセントになろうとしている。牛肉だけをみると国内で販売される牛肉の約二五パーセントを有機で飼育生産された牛肉が占めるほどである。消費者の六〇パーセント以上の支持を受けてオーガニック農業が急速に拡大し、このところ毎年一五パーセントほど成長を続けている。オーガニック作物はオーガニックショップだけでなく、一般の大型スーパーはもちろん、規模の小さい個人経営の食糧品店でも販売され

写真３　有機リンゴはおいしい

ている。有機栽培作物の年間売上高はここ一〇年で五倍になり、一〇〇〇億円を突破している。

オーストラリアでのオーガニック認定の基準になる条件は、

・農薬を使わないこと
・化学肥料を使わないこと
・肥料に関しては、有機肥料のみを使用すること
・栽培による環境破壊をしていないこと
・農場は最低三年以上農薬を使っていないこと
・年一回の抜き打ち検査とレポート提出

などで厳しい基準を設定している。

日本の有機農産物の輸入に関しては対象の農産物がJAS法の認定規格と同等性を有していることが条件で、該当する国の証明書が必要である。同等性を有するとして認められている国は少数に限られているが、オーストラリアは指定国になっている。

ところで、オーストラリアにも食糧生産においていくつか問題がある。

最初の章で食糧危機を誘引する供給面での要因を考えた。たとえば地球温暖化の影響で生じる気候変動、自然災害、砂漠化、水不足などはオーストラリアも共有する問題である。最近気候変動で洪水が増えた一方で干ばつが起こる頻度が高くなっている。洪水も干ばつも食糧生産

には強敵である。実際この影響で穀物生産が大きなダメージを受けている。数年前に起きた大干ばつでは主要穀物の収穫量が半減することも起きた。

農業生産のためには水が不可欠である。この国は入植から今日まで二〇〇年以上地下水をくみ上げ使用し続けた結果、地下水の枯渇が心配されている。それと同時に土壌の劣化、塩害が深刻化し農地面積が減少している。これらすべてが食糧生産に大きな影響を及ぼす。

オーストラリアの食糧生産の四〇パーセントを担っているマレー・ダーリング流域の水量が厳しい干ばつで大巾に減少している。この地域はクイーンズランド、ニューサウスウェールズ、ビクトリア、南オーストラリアの四州にまたがり、オーストラリアの三大河川が集中しているところである。ここに一〇〇〇キロメートル以上に及びアオコが発生して悪臭がまん延し、水を飲んだ家畜が大量死し人体にも影響がでた。水量が減少した結果、富栄養化が進行したために発生したのである。水質の悪化、塩水化、土壌の塩害などが深刻化している。これらは食糧生産に悪影響を及ぼしこの国の食糧供給能力を低下させる。

これに加えて一八五九年にヨーロッパから持ち込まれた二四匹のウサギが野生化し、驚異的な繁殖力で増え続け放牧地や農地で家畜の餌になる牧草などの食糧を横取りして甚大な影響を及ぼしている。これを防ぐために国や農家は莫大なコストをかけて、ウサギが放牧地に侵入しないようラビットフェンスと呼ばれる侵入阻止フェンスを何千キロメートルにもわたり張り巡らしている。またサトウキビにむらがるカブトムシを駆除する目的で導入した南米産の大ヒキガエルが、カブトムシを駆除しない上に害虫化し農作物の被害を拡大させている。

ほかにも厄介な動物がいる。ディンゴという野生の犬である。オーストラリアにはもともと生息していなかったが、先住民が今から五〇〇〇年程前に南アジアから持ち込んだとされている。狼の仲間だけあって、どう猛な肉食で、放牧農家の財産である子羊を襲うのである。それでディンゴから羊を守るため、放牧地帯にディンゴフェンスといわれる有刺鉄線のフェンスを張って防護柵にしている。一五〇年以上前から張り巡らされ効果が十分発揮されてきた。延々とつながるディンゴフェンスは全長五六〇〇キロメートルにも及ぶ。このフェンスの内側に羊、外側に牛、ディンゴという仕掛けである。

オーストラリアがこのようなリスクを抱えていることも事実である。しかし、不安要因はあっても食糧の自給率は世界でも一番高く、頼りがいのある食糧供給国であることに間違いはない。もちろん日本の食糧供給をすべてオーストラリアに依存するのがよいということではない。両国とも供給元、供給先の多様化を目指している。その政策戦略の中で日本はオーストラリアに比重を置くのが賢策である。

二　オーストラリアの貢献度　日本の食糧依存度

日本は自給率が極端に低いために食糧の輸入依存度が大変高い。必要な食糧の六〇パーセント以上が輸入に依存していることはすでに何度も述べ、具体的に実例を示してきた。ここではそれをオーストラリアに絞り込み、日本がどれだけその食糧をオーストラリアに依存しているかを具体的に説明したい。

オーストラリアがコアラやカンガルーの国で豊富な鉱山資源があることは、ほとんどの人が知っている。オージービーフもオーストラリア政府の宣伝効果で知られているが、すでに述べたようにわれわれの身近で常に消費している食品の中にオーストラリア産が大変多い。われわれが毎日食べている食品には必ずオーストラリアが貢献している。このことに関してはほとんど知られていないのが実情である。

身近なものとして数例を示すと次のようになる。

輸入食品がなければ天ぷらうどんが食べられないとこれまでの章で紹介したが、これはすなわちオーストラリアがなければ天ぷらうどんが食べられないと置き換えられる。理由は、うどんの原料である小麦がほとんどオーストラリア産だからである。したがって、讃岐うどんやスーパーで販売されているうどん玉、食堂で食べるうどんなどはオーストラリアの小麦を使っているのである。汁に使う砂糖や塩に関しては後程詳しく説明するが、日本の輸入依存度は七〇～八〇パーセントで、その半分はオーストラリア産である。天ぷらに使うエビや菜種油の原料もほとんど輸入で、オーストラリアからも来ている。つまりオーストラリアがなければ天ぷらうどんが食べられないということである。

マクドナルドやファミリーレストランで食べるハンバーグは牛肉が主体だが、その牛肉はオーストラリア産である。食後のデザートであるアイスクリームは生クリームと砂糖を攪拌し牛乳と塩を加えて作るのだが、生クリーム、砂糖、塩はオーストラリア産である。

ひと風呂浴びた後のビールはことのほか旨い。日本ではキリン、アサヒ、サッポロ、サントリーなどがビールを作っている。最近はビールまがいの発泡酒の方が、価格が安いので人気がある。しかしやっぱりビールがよい。ビールの原料は大麦で、大麦を発芽させ麦芽（モルト）を作り、それに砂糖を加えて発酵させて作るのである。ビールの渋さをだすのにホップを添加する。このモルトは、カナダ、イギリス、オーストラリアから特製タンクで運ばれ輸入されている。だからわれわれが飲んでいるビールの三分の一は、オーストラリア由来である。このように数例を知るだけで、われわれの身近には常にオーストラリアが関わっていることが分かる。

それでは細かくその内容を検証していくことにしよう。

小　麦

小麦は七〇パーセントがでんぷんで、たんぱく質が少ないもので五～六パーセント、多いもので一八パーセントくらい含んでいる。日本で製粉された小麦粉は、一般的にたんぱく質の含有量で分類されている。たんぱく質を多く含んだ粒の固い硬質小麦から加工される「強力粉」、たんぱく質が中くらいの間質小麦から加工される「中力粉」、たんぱく質の少ない軟質小麦から作られる「薄力粉」である。パン、ケーキなどに使われる強力粉や薄力粉は、主としてアメリカ、カナダから輸入された小麦が使われる。伸びがよく、粒子が細かいうどん、ソーメンなどの麺類には中力粉が最適で、オーストラリアから輸入された小麦がもっぱら利用されている。だから、すでに述べたようにうどん屋で使われているうどん、スーパーなどで販売されている讃岐うどん、中華麺などもオーストラリア小麦が原料である。その他、オーストラリア小麦は家畜の飼料としても大量に使われている。

大　麦

国内需要量は、麦茶、ビール、飼料用を含め約二三〇万トンである。そのうち一〇パーセント程度が国内で栽培、生産されており、残りは輸入に依存している。大麦（裸麦を含む）の輸入は、オーストラリア、アメリカ、カナダの三か国からの供給量が大部分を占める。平成二三年度はオーストラリア八三万トン、カナダ三四万トン、アメリカ一六万トンとなっている。

飼料用大麦の輸入量は、配合飼料原料として使用されるものも含め約一一〇万トンで、輸入の七〇パーセントがオーストラリア産である。

麦　芽

すでに述べたように日本は大量の麦芽（モルト）も輸入している。年間六〇万トン前後で、主にオーストラリア、カナダ、イギリスから輸入している。コンテナの数で約三万六〇〇〇本（二〇フィート換算）になる。第二世代のコンテナ船は、一船当たり二〇〇〇個のコンテナを搭載しているので、年間約二〇隻分の麦芽を輸入していることになる。ビールの原料はモルトで、日本で製造されているビールの三分の一はオーストラリアの麦芽で作られているということになる。

麦芽とは、大麦を洗浄して水を吸収させ、発芽・乾燥させたものである。大麦にはアミラーゼが多く含まれ、発芽によって酵素としての働きが活性化し、でんぷんを糖分に変える働きをする。ほかにもプロテアーゼやその他多くの酵素・各種無機質・ビタミン類を含み、麦芽はビール・ウイスキーなどの酒類の他に、パン用イースト、医薬用ジアスターゼ製造の主原料ともなる。またさまざまな食品・医薬品の原料として健康な暮らしをバックアップし、国民の豊かな生活づくりに貢献している。

米

メジャーではないが国内需要の約一〇パーセントを輸入することが義務付けられているミニマム・アクセス分（約八〇万トン）の内、約三〇万トンがオーストラリアから輸入されている。オーストラリアの米は日本で食べるジャポニカ種で、タイなどで作られている細長い長粒米ではない。現在主にニューサウスウェールズ州中央部のリートン地域で水稲栽培されており、気象条件により毎年の収穫数量に変動はあるが、年間約一〇〇万トンが生産されほとんど輸出されている。もともと、日本人が一〇〇年以上前にジャポニカ種を持ち込み米作をはじめたのがオーストラリア産米の始まりであるので、馴染みのある食べやすい米である。

その日本人は愛媛県松山市出身の高須賀穣という人で、今から約一〇〇年前に妻と娘を連れてオーストラリアに移住、メルボルンに居を設け貿易や日本語学校を営んでいた。しばらくして米作に挑戦し、幾度となく失敗したが試行錯誤の末、一九一四年頃には米の商業生産に成功したという記録が残っている。この米作の成功によってその後多くの人が米の栽培に着手し、今日のオーストラリア米作の基礎を築いた。とにかく日本で作るのと比べて極端に安く生産できるので、今後のＧＡＴＴの交渉いかんでは輸入が増える可能性がある。

油糧種子

植物油の原料として幅広く使われているのがキャノーラで、その原料となる菜種を日本はほとんど輸入している。カナダからの輸入は遺伝子組み換え作物であるので、非遺伝子組み換え作物が多いオーストラリア産のシェアが最近高くなっている。

食用油用として最近綿実の輸入が増えている。綿実油は綿を採った後の綿花の種子から作られる植物油である。独特のコクと風味を生かすため、ほかの植物油と混合せずに単独でサラダ油として利用されることが多く、マーガリンの材料としても用いられる。年間一二万トンほど輸入されており、主な輸入先はオーストラリアである。綿実に関してはオーストラリアからの輸入でほとんどの需要を賄っている。

牛 肉

アメリカでのBSE問題の影響でオーストラリア産牛肉の高水準のシェアが続いている。日本は年間の需要量（約八五万トン）を満たすためにその半分以上を輸入しなければならない。その大半がオーストラリアから来ている。二〇一〇年（平成二二年）の輸入量は、五一万一〇〇〇トンで、そのうち七〇パーセントに当たる三五万トンがオーストラリアから輸入された。

また牛肉加工品の原料もオーストラリアが主で、特にハンバーグの牛肉原料はほとんどオー

写真４　家畜専用船からはしけに降ろされたオーストラリアの子牛
港の動物検疫所にえい航され、三週間の検疫後肥育農家に届けられる。

ストラリア産であることはすでに述べた。また最近両政府で調印した日豪自由貿易協定が来年発効すると牛肉の輸入関税が段階的に引き下げられるので、オーストラリアからの輸入がさらに増えるであろう。

　また日本の肥育農家には、飼料効率がよく和牛より短期に仕上がるヨーロッパ種の肉牛が、生きた状態で毎年二万頭前後オーストラリアから輸入されている。一九七一年から始まっているのでかれこれ一〇〇万頭が輸入されたことになる。

酪農製品

　輸入三八〇万トンのうちオーストラリアが約四〇パーセントを供給している。チーズ、粉乳、カゼイン、乳糖、アイスクリームなどで、そのうちナチュラル・チーズが一〇万トンほど来ている。これはほとんど日本のプロセス・チーズの原料や、イタリア料理店やピザ宅配などの業務用に利用されているので、消費者の目には見えないところでオーストラリアは活躍している。

この分野では、オセアニアからの輸入量が全体の七〇パーセントを超えており、飛びぬけて多い。その主たる理由は、乳価が世界で最も安く世界で一番競争力があるからである。ちなみに酪農家からの加工用乳価は、リットルあたり四〇円前後である。日本はそれが一〇〇円近くになっている。これでは日本の酪農家は到底正常な国際競争に勝てない。そのために政府は酪農家を保護する政策を取っているので、国内で購入する乳製品は大変高くなっている。

野菜・果物

アスパラガス、かぼちゃ、にんじん、玉ねぎなどがオーストラリアから入っており、一部はスーパーなどでも見かけられる。オーストラリアからはオレンジ、レモン、リンゴなどの果物も輸入されている。

二〇一四年に締結された日豪自由貿易協定が発効し、両国の植物防疫上の取り組みにより多くの合意をみれば間違いなく増えてくる。最近もタスマニアで栽培されている「さとにしき」が、燻浄処理なしで初めて日本向けに出荷され、日本の冬季には新鮮な天然のさくらんぼがお目見えする。もともとこの品種は、日本の栽培農家が一九三〇年代にタスマニアに持ち込んで栽培し始めたものである。日本と違って農薬漬けにされていない土地で育てているので収穫された作物のシェルフライフが長く（長持ちするので）安全で安心である。

もちろん、オーストラリアからの野菜、果物の輸入が今後どの程度伸びるかは、自由貿易協定発効後の結果、さらには世界貿易機構での農産物自由化協議、農産物供給国で構成するケアンズ・グループなどとの交渉の結果や植物防疫に関する調整合意などによるところが大きい。

水産物

南マグロはほとんどオーストラリアから来ている。環境抜群の南オーストラリア州、ポート・リンカーンの湾内で畜養されている。刺身、高級料亭などで使われる伊勢エビ、車エビ、アワビなどもオーストラリアから日本に一九七〇年後半以降生きたまま空輸されている。

調味料

塩や砂糖は生活に不可欠であるが、国内で供給できる量は限られている。日本は砂糖のもとになる粗糖を一四〇万トン輸入しており、これで需要の六〇パーセント以上を賄っている。その輸入量の三五パーセント（約五〇万トン）がオーストラリアから来ている。塩に関しては年間の必要量が八六〇万トンでその内七五〇万トンが輸入されており、オーストラリアからは全輸入量の四四パーセントが日本に来ている。砂糖も塩も過去半世紀以上、その必要量の半分近

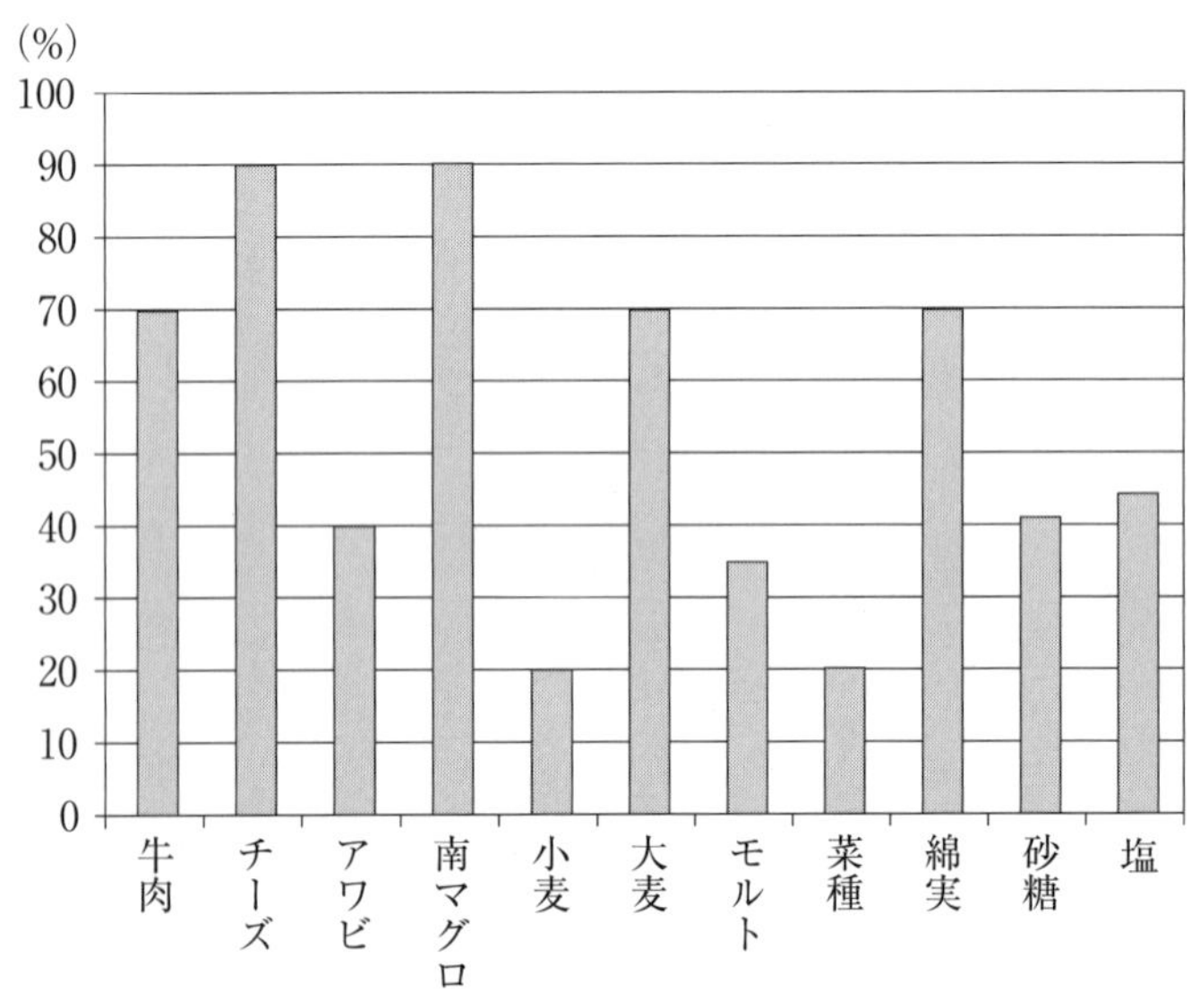

図６　日本の豪州食糧依存度
（豪州統計局輸出統計から作成）

くをオーストラリアに依存しているのである。

そのほかにもメジャーではないがオーストラリアから輸入している食糧は多い。馬刺し用の輸入馬肉は大半がオーストラリアから来ている。飲料水、ビール、ワイン、オリーブ油、ナッツ、乾果物、そば、緑茶、日本酒、米菓、うどんなども全体のシェアはそんなに大きくはないが根強い人気がある。加工食品によく利用される糖蜜、蜂蜜、でんぷん、酵母なども入っている。

このように日常われわれが食する食糧にはオーストラリア産が欠かせない。原料として使われるケースが多いので形を変えてでてくる。身近な食べ物の出身地が分からない場合が多いが、オーストラリアはその典型的なケースである。しかし紹介したほんの数例においてもオーストラリアがわれわれの生活にこんなに身近であることを知って驚かれる読者が多いと思う。おさらいの意味でまとめると、主な食糧のオーストラリア依存度は前頁のグラフ（図6）のようになる。

三　オーストラリアの食品衛生・防疫体制

食糧の確保が最重要政策であることはもちろんだが、食糧は人間の健康、生命に直接関与するので、安全で安心できるものでなくてはならない。昨今食の安全が問題視されている。輸入食糧には落とし穴があることが指摘されて久しい。実際水際での食品安全検査において残留農薬、発がん性物質、添加剤、防カビ剤など日本の食品安全基準を満たさないケースが多く摘発されている。

すでに指摘したように、日本の食品安全基準に違反した輸入食品・輸出国のリストを農水省が作成・公表している。中国やアジア諸国からの食品の安全性に心配をしている消費者が多く中国産であれば最初から購入しないという消費者もいる。確かに違反件数がダントツに多いのは中国産であるが、そのほかにもアメリカや中南米からの食糧も食品安全基準違反件数が多い。このような現実を知ると輸入食品は本当に安全なのかという強い疑念が生まれるのは当然

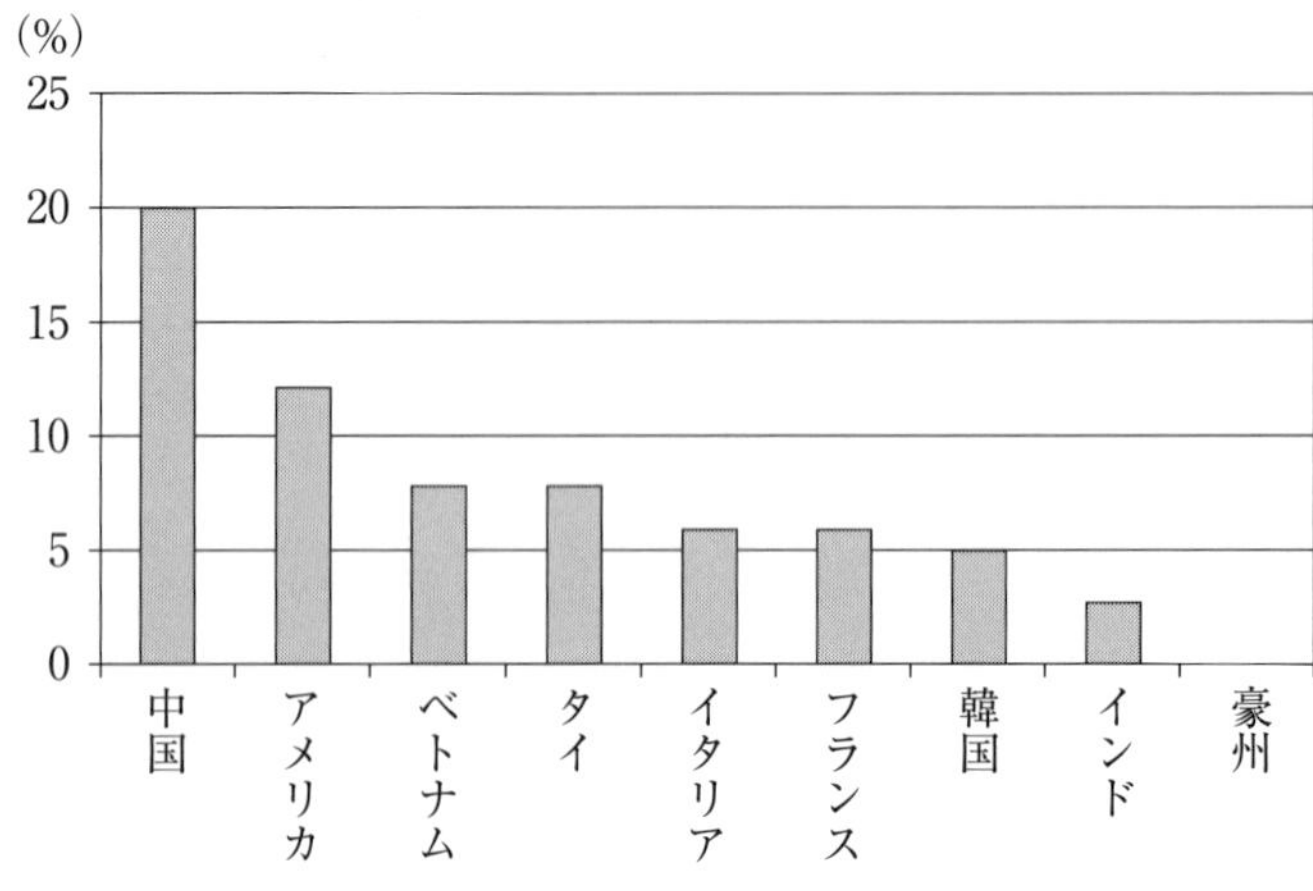

図７　輸入食品の違反率（H25.10 ～ H26.3）
（農水省）

である。

この中で、オーストラリアの違反件数は他国と比較して極端に少ない。オーストラリアは、輸入食糧において日本の食品安全基準を遵守している優等生的な存在である。

農水省によると直近六か月の輸入食品の違反件数は三六三件で、中国が一番多く七二件、次いでアメリカが四五件、ベトナムとタイがそれぞれ二八件、イタリアとフランスが二一件と二〇件、韓国一九件、インド九件、豪州一件となっている。率にすると豪州の違反は限りなくゼロになる。さらに昔の統計を紐解いてみると同じことが証明できる。日本の食糧供給国上位五か国のアメリカ、中国、オーストラリア、カナダ、タイの食品検査違反件数の比較をしてみると表２のようになる。過去も現在もオーストラリアの食糧はより安全であるといえる。

表２　2008年度に食品輸入量が多かった上位５か国と輸入量上位５品目の届出・検査・違反状況

	輸入・届出数量		検査数量		違反数量	
	件数	重量（t）	件数	重量（t）	件数	重量（t）
アメリカ	209,145	12,539,684	19,037	4,612,777	140	44,732
トウモロコシ	2,393	3,907,004	2,388	3,898,829	51	43,236
小麦	169	3,394,117	124	478,372	22	922
大豆	2,372	2,508,996	236	26,780	0	0
豚肉	29,171	435,409	273	2,832	0	0
うるち米	456	355,749	155	74,366	1	63
カナダ	30,504	3,788,489	2,407	174,004	51	1,137
油糧種子（食用油採油用）	112	1,935,272	9	771	0	0
小麦	75	1,041,670	31	145,565	5	38
大豆	2,467	339,596	195	12,187	0	0
豚肉	10,488	237,187	72	1,179	0	0
大麦	24	59,414	3	311	0	0
中国	437,343	3,561,180	88,205	944,819	259	2,148
野菜：冷凍食品	23,650	259,496	9,162	113,168	21	205
ユリ科野菜	10,220	223,822	3,846	54,764	2	41
塩蔵野菜（塩水漬けを含む）	6,930	123,248	643	8,884	0	0
水煮野菜	13,533	121,671	1,361	9,916	0	0
切り身、むき身の鮮魚類（冷凍食品を含む）	4,171	1,118,004	4,112	36,466	5	33
オーストラリア	65,309	1,954,060	1,888	175,044	5	24
小麦	49	815,951	28	113,05	0	0
牛肉	39,147	403,889	458	5,486	0	0
大麦	49	194,090	12	37,973	1	0
塩類	210	189,124	3	42	0	0
チーズ及びカード	2,327	79,777	28	180	0	0
タイ	128,792	1,472,303	16,767	230,747	110	3,866
うるち米	261	203,592	121	106,335	14	3,293
加熱食肉製品（加熱後包装）	15,580	184,043	1,046	9,099	1	2
タピオカデンプン	289	108,003	54	26,337	0	0
化工デンプン	1,510	89,106	243	11,740	0	0
糖類	1,239	72,978	20	500	0	0

（厚生労働省（2009）「平成20年度輸入食品監視統計」から作表）

汚染のない空気・土壌・水は、食糧の安全供給基地として欠かせない要件である。オーストラリアは四方を海に囲まれているので、外から疾病が伝わりにくい環境にある。また空気が乾燥しているので、病気が発生しにくく伝染しにくいという利点もある。ほかの大陸から遠く離れている地理的ポジションは検疫管理上の優位点で、鳥類・昆虫等によるウイルス媒介のリスクを回避できる。さらに食品等の国内への持込みは厳しくチェックされ、水際での検疫体制にも余念がない。また国内で州から州への移動にも食品の持込みを厳しく規制している。こうした取り組みの結果、オーストラリアは主な家畜の疫病のない国として国際的に認められている。

オーストラリアは自国生産の農産物及び食品の七〇パーセント以上を輸出している輸出立国であり、基幹産業のひとつが食品である以上、安全性の確保に取り組むのは当然の責務と考えている。そして、国際基準に基づく食品の安全規制や施策の実施・業界団体のPR等によって、オーストラリアの「クリーン&グリーン」というイメージは世界でも認知されているのである。

品質管理義務

オーストラリアは、加工食品、特に食肉加工品、酪農製品を中心に、すでに紹介したHACCP方式（危害分析 Hazard Analysis と重要管理点 Critical Control Point の二つの考え方で成り立つ高度な食品の衛生管理方式）やISO方式を導入し、製品の品質管理を義務付けている。加えて食品の安全性を保証する民間の品質保証制度も積極的に導入されている。

オージービーフは日本の輸入牛肉の七〇パーセント近くを占めている。安心・安全なオージービーフを届けるためオーストラリアの食肉業者は、オーストラリア標準規格ならびに輸出統制諸規定をすべて満たすことが求められている。すなわち左記の基本的用件の基準（細かく規定されている。詳細についてはここでは省略）が満たされなくてはならない。

・肥育牛調達に関する基準（罹病歴チェック、トレーサビリティ確保、薬品残留検査）
・処理場施設ならびに設備・使用器具などに関する基準
・処理場における個体取り扱いに関する基準（動物福祉、衛生・健康管理）
・衛生管理基準に対応した処理手順を含む衛生的生産に関する基準
・微生物検査ならびに薬品残留検査プログラム・製品の品質保証基準

これら要件の充足度は、地域を所管するＡＱＩＳ（動物検疫検査機関）テクニカル・マネジャーによって査定され、承認された場合にはＡＱＩＳキャンベラ本部の認定に推薦される運びとなる（この査定作業に現場での実地検証及び生産テストが含まれる）。認定されて晴れて輸出業者としての資格を取得するのである。コンプライアンス・調査機関からのしかるべき人物が、公平を期すために査定に立ち会う。食肉業者はＡＵＳ―ＭＥＡＴ（オーストラリア食肉畜産基準統一局）への登録を義務付けられ、輸出管理法に準拠した操業が求められる。

問題になっているＢＳＥ（狂牛病）の発生はオーストラリアではこれまで一度もない。またＢＳＥ予防への取り組みとして、オーストラリアはニュージーランド以外の国からＢＳＥの主たる原因といわれる肉骨粉の輸入を禁止した最初の国である。一九六六年の禁輸措置以来、多くの品質保証や安全管理システムを開発し、世界で最も安全な牛肉供給国としての地位を保持している。二〇〇四年にヨーロッパ食品安全機構からBSE発生リスク最小国として、また二〇〇六年に国際獣疫事務局（OIE）よりBSEのない国として認証された。オーストラリアはBSEとFMD（口蹄疫）回避を最も高次元で達成している国家として、国際機関からも最高レベルの認定が与えられているのである。

トレーサビリティ

豪州の畜産業界では古くから肉牛のトレーサビリティに取り組んできた。現在ではすべての牛個体、牛肉の履歴について敏速に追跡することが可能である。一九六〇年代に農場識別番号（PIC）システムが開発されて農場識別番号が各農場に割り振られ、それを印刷したタグが個体牛の耳か尾に取り付けられている（もちろん牛だけではなく馬、羊、豚、ニワトリ、鹿、ラクダなどの動物を飼っている農場はその規模の大小にかかわらずこの制度が適用される）。

このシステムをさらに進化させたのが全国家畜識別制度である。一九九九年から導入が始まり、二〇〇五年から全州で義務化されている。この制度ではPICの出生農場情報の他に、出生記録、飼料、親牛の情報などの識別情報が電子タグに記録されている。家畜が農場や肥育場などに移動するたびに電子情報が無線で中央のデータベースに送信されるため、農場から畜場までの履歴を短時間で追跡できることが大きな特徴である。

また食肉加工場では解体処理後の特定の肉とＰＩＣ情報を関連付けることが義務付けられている。輸出時食肉が運ばれるコンテナ番号はＡＱＩＳのデータベースに記録されており、日本向けの牛肉に関しても即時に追跡調査ができるようになっている。

さらに輸出牛肉に関しては家畜の安全性や健康の詳細を保証する出荷者証明書が必要である。家畜の所有者はこの証明書に牛肉の安全性、農場識別、家畜識別情報を記入、署名し、輸出加工業者に提出することが義務付けられている。

このようにオーストラリアは、安全で安心できる牛肉を供給するために万全の体制を取っている。この結果、安全・安心の牛肉といえばクリーン＆グリーンのイメージが定着しているオーストラリア産であろう。これからも日本の胃袋を支える信頼できる国である。その役割が今後さらに重要になってくる。

残留農薬

オーストラリアは、農作物や家畜に直接使用される化学物質だけでなく、農薬が残留する土地で生産された干草や飼料を食べて育った家畜の体内に残留する間接的な化学物質についても規制を設けている。日本が二〇〇六年から導入している「ポジティブ制」も、オーストラリアではずっと以前から導入・実施されてきた。

また、農薬等の使用後、農薬の残留基準を下回るまでの一定の保留期間もそれぞれの薬品ごとに決められており、農薬に表示されている。これは、出荷時の農薬残留量が基準値を上回ることのないように生産者に遵守させるための制度のひとつである。一方で政府は、食品中の残留農薬等に関する健康上のガイドラインとして、消費者が「一日に摂取できる残留基準値」を設定し公表している。

食品添加物

オーストラリアにおける食品添加物に関しては、豪州・ニュージーランド食品安全局によって食品の品目ごとに使用できる食品添加物の種類、ＩＮＳ番号（食品添加物の国際コード）、単位数量（キログラム、リットルなど）当たりの基準値（最大許容量）、使用条件が定められている。決められた条件の下で許可された食品添加物以外の使用は、一切認められていない。特に着色剤、香料などでは日本では認められているものが禁止されている場合がある。もちろん食品には原材料とともに食品添加物の種類、名称、ＩＮＳ番号を表示することが義務付けられている。

遺伝子組み換え

欧州や日本では遺伝子組み換え作物に対する消費者の拒否反応が根強い。農産品輸出のライバル国である米国、ブラジルや中国などは遺伝子組み換え作物生産に積極的である。オーストラリアでは食用作物では唯一菜種栽培での遺伝子組み換え種子の使用が最近認可されたものの、国内の根強い懸念を背景に南オーストラリア州やタスマニア州では依然禁止されている。

だからオーストラリアは米国、ブラジルなどの農業輸出国と比較して、遺伝子組み換え作物の国内生産規模、品種数はごく限定的である。また家畜向けに使用されている遺伝子組み換え穀物は飼料全体の五パーセント程度だといわれている。オーストラリアでは遺伝子組み換えの牧草や干草の栽培が禁止されており、国内産遺伝子組み換えの飼料の割合もわずかとみられる。

また遺伝子組み換え作物を使用した食品については、原材料とともに「遺伝子組み換え」と記述することが義務付けられている。ただし、食品の原材料及び加工添加物については遺伝子組み換え作物の割合が一パーセント以上あれば表示義務がある。日本の場合は五パーセントまでであれば表示義務が免除されている。ちなみにアメリカ、カナダ、アルゼンチンといった主な食糧生産・輸出国では表示する必要性を認めていないので表示義務はない。

遺伝子組み換え食品の安全性についてオーストラリアの食品安全局は「比較的新しい技術であり、摂取によりヒトに与える影響について、慎重に審査する必要がある」と説明している。日本の食品衛生当局は遺伝子組み換え作物に関しては科学的なデータや実験を経て安全性が確認されているので心配ないと発表している。

四　アジアの食糧基地

近年世界の食糧危機が叫ばれる中、特にアジア新興国の急速な経済発展による人口増やそれに乗じて食の西洋化が進んでおり、日本がまさに半世紀以前に経験したことであるが、これら新興国での食糧に対する需要が大きく膨らんでいる。しかし、自国での供給体制には限度があり輸入に依存する度合いが高くなっているため、特に同じ地域のオーストラリアに熱い目が向けられている。すでに述べたようにオーストラリアは、平均して二〇〇パーセントの食糧自給率を維持しており、その生産の半分以上をアジアを主体に各国に輸出している輸出大国である。鉱物・エネルギー資源を含めた第一次産品の輸出に占める割合は七〇パーセントを超えている。その内食糧の輸出は全体の約二〇パーセントを占め、主なものは畜産物、酪農製品、小麦、大麦、油脂原料などで野菜・果物なども順調に伸びている。

オーストラリアからの輸入全体の伸びをインド、韓国、中国を例にグラフ（図8）で示すとそのことがよく分かる。これらの国向け輸出が驚異的に伸びていることを示している。中国をみてみると一〇年の間に一五倍急拡大したことが読み取れる。これまでは食糧よりも石炭、鉄鉱石、天然ガスなどのエネルギー・鉱山資源の方が伸び率が大きかったが、これからは食糧の輸入も急増するであろう。

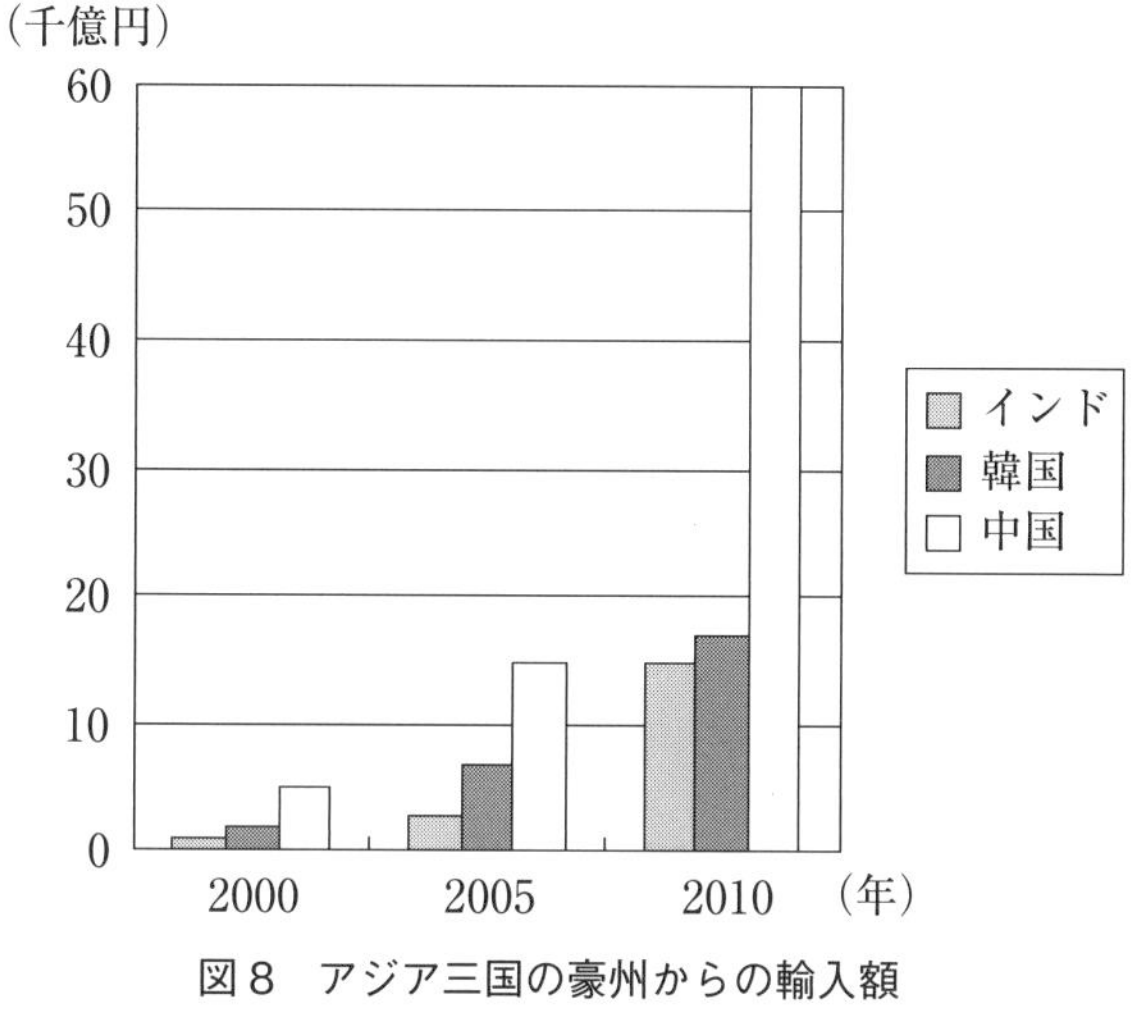

図８　アジア三国の豪州からの輸入額
(豪州統計局)

オーストラリアの食糧分野へは日本の投資も進んでいる。日本での畜産物への需要の増大に呼応して、原料や製品を確保するために半世紀も前から商社やハム・ソーセージメーカーが積極的に進出した。特に牛肉分野においては現地牧場の取得、処理施設・パッカーの買収、食肉業者との合弁事業、フィードロットの開発、牧草・飼料原料の確保などを含む進出である。酪農や水産分野においても日本企業の進出が続き、食糧資源の確保が進行した。

その一例として、オーストラリア大陸の南にあるタスマニア島が挙げられる。面積は北海道を一回り小さくした島で、世界でも自然環境が大変よいところである。雨水がそのまま飲めるほど空気もきれいで、日照時間も日本と比べ長い。冬の寒いときでも五度を下回らず。夏は二五度程度で快適なうえに、雨量は日本の東京都とそんなに変わらない。まさに畜産酪農業に最適である。

この自然環境に目をつけ現地で事業展開しているのが、イオングループである。島の北東部に位置する約六〇〇〇万坪の広大な平原にイオン直営の牧場があり、常時一万頭以上の牛を肥育している。餌にはクリーンな島内で生産された大麦、小麦、ジャガイモ、それに牧草を与えている。冷涼な気候や豊かで広大な自然の中で牧草を十分に食べて育つため、病気は少なく、元気に牛が成長する。日本やアメリカでは一般的な、成長ホルモンや抗生物質も使用していない。また、遺伝子組み換えによる餌も使用していないし、BSEの原因になった肉骨粉は食べさせていない。イオングループの店舗ではタスマニアビーフとして販売されている。また、イオン系列の惣菜・弁当屋でもこのビーフを原料にハンバーグ定食を売っているところがある。

当初日本市場のための食糧資源の確保が目的であったが、その後現地や第三国市場を視野に入れた投資が行われるようになった。たとえばヤクルトが現地市場の需要を掘り起こすためにビクトリア州に生産拠点を設立、東南アジア市場向けに雪印乳業が、幼児用粉ミルクの生産をビクトリア州で開始、また伊藤忠商事も同州で現地企業に資本投下し粉乳施設を新設、日本ハムがクイーンズランド州でオーストラリア国内市場を視野に入れた養豚事業を開始、さらにキリン・ビバレッジがオーストラリア国内の乳飲料、乳製品メーカー、食品加工メーカーの大型企業買収を実行した。

最近においては、アサヒビールが、キャドバリー・グループの飲料事業部門シュウェップスを約一〇〇〇億円で、キリンがオーストラリア第二のビール会社、ライオン・ネイサン（フォーエックスやトゥーイーブランドで有名）を六〇億ドル（約六〇〇〇億円）で買収した。

日本の直接投資は今後も順調に進んでいくだろう。特に日本が必要としている食糧原料が豊富で競争力がある、政治が安定し治安がよい、投資の受け入れに積極的、先進国で一番成長しているなどの理由で、長期的な投資戦略を持った企業の進出は続くであろう。また生き残るためには積極的に継続しなくてはならない。

これからも日本は長期にわたり安全・安心な食糧の供給を海外に求めなくてはならない。さまざまな角度からその目的を達成するための綿密な将来戦略が必要である。その中でオーストラリアを戦略の中心に位置付けることが重要である。「今なぜオーストラリアか」の理由は以下の背景を含む。

＊　まずは供給能力である。自給率二〇〇パーセント以上は先進国のみならず世界でダントツである。現在日本の食糧輸入の依存度が高いのはアメリカ、中国、オーストラリア、カナダ、タイなどの国であるがこれらの国の自給率はオーストラリアより相当低い。緊急時には自国の食糧確保が優先する。

＊　過去半世紀以上にわたり緊密な経済補完関係を確立している。日本とオーストラリアは「持ちつもたれつ」の欠かすことのできないパートナーである。またアジア地域での食糧安全保障のために親密に指導力を発揮する関係にある。

＊日本が農業大国と自由貿易協定に調印したのはオーストラリアだけである。この協定によって日本はオーストラリアから必要とする食糧を確保できる。

＊オーストラリアは長年の貿易関係で日本市場が要求する諸条件をよく心得ている。羊毛貿易は一〇〇年以上も前に始まっている。

＊民主主義、自由・解放経済、人権などの価値観を国是とし政治的に安定している。南米、アフリカなどは政治的に不安定で、内紛などが発生すれば安定的な供給ができなくなる。

＊オーストラリアからの食糧は輸入食糧の中でも安全で安心できる。前節で解説したように食品衛生、動植物検疫体制がよく整備されている。日本と同じく島国であるから疫病をほかの食糧供給国より水際で防止することができる。すでに指摘したが日本の食品検査では多くの違反が摘発されている中国やアメリカと違って、オーストラリアの食糧輸入違反はほとんどない。

＊アジアの一員としての自覚があり、アジア諸国の食糧基地としての立場が確立している。南半球なので日本の端境期に食糧供給ができ、かつ大陸が広いのでいつでも四季折々の作物を供給できる。

＊アクセスがよい。オーストラリアからだとコンテナ船が六〜八日で日本の港に到着する。北米からだと約三倍かかる。南米からだとそれよりももっと時間がかかる。

＊オーストラリアの歴代総理大臣が「日本はアジアで最良の友である」と公言している。

第六章

経済連携、自由貿易協定の影響

一　貿易自由化の波

世界各国は自国の産業や農業を保護するために、従来は高い関税を設定したり、輸入制限をしたりする保護貿易が一般的であった。しかし経済発展のためには市場開放、規制の緩和を図らねば自国の発展・成長がないことが世界的に認識され、その重要な政策として保護貿易に替わり自由貿易を促進するようになった。特に一九八〇年代以降世界貿易機構、二国間、多国間、地域間での自由貿易、経済連携交渉が進められて多くの協定が締結され、貿易の自由化が進んでいる。

日本もチリ、ペルー、メキシコ、アセアン諸国、インドネシア、インドなどを含め一三か国・地域との自由貿易協定がすでに発効しており、その結果、人やものの流れが盛んになり貿易額も増加している。現在日本はTPP（環太平洋経済連携）交渉に参加し、環太平洋圏内（一三か国）での経済連携協定締結の交渉を進めている。オーストラリアとは最近自由貿易協定を締結し、カナダ、EU、韓国・中国などともそれぞれ二国間の協定締結に向け努力している。これら一連の交渉が成功裏に終わり自由貿易・経済連携協定が締結・実行されれば域内での交流がさらに促進される。人・もの・金・知的財産などの交流が一層盛んになり国境の壁がどんどん低くなる。

それでは自由貿易・経済連携が進むと、どのようなメリットやデメリットがあるのだろうか。一般的には次のようなことが含まれる。

メリット

- 貿易が活発になる。
- 海外から必要なものを手に入れやすくなる。
- 安いものを輸入できる。
- 人的交流が活発化し多様な文化を楽しめる。
- 投資の拡大が期待される。
- 地域間における競争促進で国内経済の活性化や生産性向上が望める。

・協定国間の地域紛争や政治的あつれきの軽減や信頼関係が熟成される。

デメリット
・競争力のない国内産業や生産品が打撃を受ける。
・市場の要求に満たない生産品が市場に氾濫する可能性がある。
・食糧自給率が低下する。
・何らかの緊急事態が起きたときに、輸入が止まり食糧危機の恐れがある。
・地域の衰退や企業再編が進み雇用などに悪影響を及ぼす。
・外国人労働者の増加で労働市場に悪影響を及ぼす可能性がある。

今までに日本が締結し発効している自由貿易協定の経過を垣間見ると、一般的に貿易の増加がみられ人的交流も拡大されている。しかし、今話題になっている農産品の重要五品目（米、麦類、食肉、砂糖、乳製品）が特例として自由化から除外されているから大きなインパクトは生じていない。二国間協定では市場開放に制限を付けるとが可能であるが、TPPでは原則として完全自由化を目標にしているので、特例措置が認められない場合は日本の農水産業や関連する環境に大きな影響を及ぼすであろう。

自由化論争は国内で立場によって賛否両論があり、また政府内でも省庁によって反対と賛成に分かれる。たとえば経済産業省は賛成で、農水省は反対になる。賛成の場合はメリットを強調しデメリットを無視する。反対の場合はその逆である。産業界においても自由化がプラスになる分野とマイナスになるところがでるだろう。完全自由化の場合、たとえば食品加工の分野で製油や製糖業ではマイナス、食肉加工や製菓業にはプラスに作用するであろう。自由化に関しては国民が納得いく合意のもとで賛成反対を調整する政治のリーダーシップが求められる。

自由化議論の過程では他国の実情も把握しなくてはならない。たとえば国の経済基盤が似ている輸出立国である韓国の事情、交渉結果を検証すれば今後の交渉で参考になる。韓国はアメリカやEUと自由貿易協定をすでに締結し発効している。

いままでの貿易自由化交渉においては一般消費者に相談や経過情報の公開などが乏しく、知らないうちに政府間で合意することが往々にしてあった。しかしこの章の後半でも触れるが、貿易自由化交渉ではすでに指摘したように食品安全衛生上の案件、妨疫上の問題なども協議される。それは食の安全に直接関わってくることになる。だからこれまで以上に情報公開を実行して国民が納得いくような協定を結ばなくてはならない。

二　日豪自由貿易協定の消息

ここではオーストラリアとの間で進めてきた自由貿易協定交渉について状況を詳しく検証する。今回も一般国民には交渉過程における情報公開はほとんどなかった。二〇〇七年に交渉が開始され、七年後の二〇一四年四月オーストラリアのアボット首相来日の際、日豪両政府は経済連携・自由貿易協定を締結することに大筋で合意し、安倍首相が七月に訪豪した際協定に署名した。そして二〇一五年一月に協定が発効し日本サイドからは具体的に次のようなメリットが挙げられる。

まずは最も重要とされることであるが、日本が必要とするエネルギー・鉱山資源、食糧の安定供給が確保できるということである。

前章で詳しく解説したように、日本の産業、国民生活はすでにオーストラリアに大きく依存している。砂糖、塩、牛肉、穀物、水産物、酪農製品などのキーになる食糧資源確保、食糧安全保障上からオーストラリアの安全・安心な食糧供給は今後とも欠かせない。

食糧以外においてもライフラインの核である発電用の燃料である一般炭、天然ガスを以前にもましてオーストラリアに依存している。鉄鋼生産の原料である鉄鉱石、原料炭もその大部分をオーストラリアから供給を受けており、製造業における機械、工業製品、部品などの工業原料である鉱物資源の多くもオーストラリアに依存している。オーストラリアのレアメタルは、日本が今後産業の国際競争力を維持発展させるために不可欠である。さらには天然繊維の原料である羊毛、綿花、紙の原料になる木材チップ、ガラス原料の珪砂のオーストラリア依存度も高い。自由貿易協定締結によりこれらの供給が将来にわたって確保できるということである。

次に、関税削減により日本の輸出が容易になる。たとえば日本の自動車産業が恩恵を受ける。豪州の自動車産業は現在、自動車メーカー三社（トヨタ、GM、フォードであるが、二〇一七年以降全社が自動車生産をオーストラリアから撤退させる予定）と部品メーカー約二〇〇社で構成されており、市場規模は一〇〇万台を超えている。近年の自由化政策や移民による人口増、年率三パーセントを超える持続的経済成長、さらには最近の資源需要の拡大などにより、自動車市場は拡大の傾向にある。

日本からの輸出は完成自動車と生産用部品、補修用部品が主体で、完成車の輸出市場としては年間約四〇万台の実績があり、米国に次ぎ二番目に大きい市場となっている。日本からの豪州向け輸出に占める自動車関連製品（自動車、同部品、オートバイ、同部品）は六七〇〇億円に上り、オーストラリア向け輸出全体の約四〇パーセントを占める。日本車のオーストラリア市場でのシェアはオーストラリア生産、輸入を加えて約五〇パーセントである。現在オーストラリアの輸入関税率は乗用車、商用車、自動車部品とも五パーセントである。自由貿易協定により関税撤廃が実現するので、トータル一〇〇〇億円近くの関税削減効果があるといわれている。もちろんこのことはほかの製品輸出にもよい影響を及ぼす。

また、投資に関して審査不要の投資金額の上限が大幅に引き上げられることにより、以前にもまして直接投資が安易になる。二〇〇五年発効した豪米自由貿易協定によると、アメリカからの対オーストラリア投資に関して規制が緩和され、承認審査対象となるアメリカの投資の基準値が、それ以前の一五倍に緩和された。また新規投資に関しては事前承認要件が撤廃された。その結果それまでより大型企業買収、事業展開が可能になっている。だから米国と比較して日本は現在不利な立場にあるが、自由貿易協定によってそれが解消される。

直接投資は日本の鉱物・エネルギー・食糧の安全保障戦略を補完するものが多い。オーストラリアにとって日本はアメリカ、イギリスに次ぎ三番目に大きな投資国である。二〇〇九年の日本の対豪直接投資残は約四・五兆円で、その後も堅調に推移しているがそれが鋭意推進される。

さらには、サービス分野においてこれまでの規制、条件の緩和や削減によって金、人の流れが一層スムーズになり、両国の交流がさらに進化する。これらの結果日本にとって大きなメリットが生じる。

もちろん日本のメリットは裏を返せばそれがオーストラリアにもメリットをもたらせなくてはならない。オーストラリアがこれまでに締結したＦＴＡに関するひとつの特色としては、その高い自由化水準が挙げられる。オーストラリアは日本の農産物、食糧の市場開放に大きな期待を寄せている。

日本サイドが今までの交渉で例外措置を要請してきた背景は、農産物の自由化によって日本の農業が崩壊すると、農水省、農協などがこぞって抵抗の烽火を上げているからである。もちろん懸念されているように、農水産品の完全自由化ということになれば日本の農漁業に影響がある。だから関税を徐々に下げ、自由化も段階的に長い時間をかけて実施するというような準備期間と内容面における配慮と工夫が大切である。今回の合意ではこのような処置が取られた。その間に日本農業のさらなる合理化、競争力向上、すでに二六〇〇億円（平成二五年度）を超す海外への農産品の輸出拡大、市場開拓などで支援を強めることにより、懸念される調整コストを小さくすることができる。

オーストラリアの農業生産総額は、年間約四・八兆円で日本の半分である。またオーストラリアでは干ばつ、大水害、サイクロンなどの季節要因で毎年の生産高にも大きなブレが生じる。二〇一一年早々にオーストラリア、クイーンズランド北部を襲った大水害とその後のサイクロンによりサトウキビ栽培に大きな損害が発生し、粗糖の生産が前年度比三〇パーセント減という事態が起こった。また以前にオーストラリア大陸の穀倉地帯に大干ばつが発生し、穀物生産が前年比五〇パーセント減という驚異的な事態が発生し、輸出能力に壊滅的な影響を与えたことも記憶に新しい。自由化したからといってオーストラリアの農産物が怒涛のごとく輸入されることにはならないであろう。

農産物の市場開放について二〇一四年の主な日豪合意内容は以下のとおりである。

一　物品市場アクセス

○米

関税撤廃等の対象から除外

○小麦

食糧用は、将来の見直し

飼料用は、食糧への横流れ防止措置を講じた上で民間貿易に移行し無税

○牛肉

冷凍は、段階的に関税を削減し、

　一年目　三〇・五パーセント

　二年目　二八・五パーセント

　三年目　二七・五パーセント

　四～一二年目　二五・〇パーセントから

　その後、一八年目　一九・五パーセントまで直線的に削減

冷蔵は、段階的に関税を削減し、

　一年目　三二・五パーセント

　二年目　三一・五パーセント

三年目　三〇・五パーセント

四～一五年目　二三・五パーセントまで直線的に削減

豪州からの輸入数量が一定を超えた場合に譲許税率を引き上げる数量セーフガードを導入

〈措置内容〉

・豪州からの輸入牛肉について、豪州からの輸入数量を発動基準とする数量セーフガードは、冷凍牛肉と冷蔵牛肉の区分ごとに発動。

〈発動基準〉

・冷凍（初年度）一九・五万トン↓（一〇年目）二一・〇万トン

・冷蔵（初年度）一三・〇万トン↓（一〇年目）一四・五万トン

○乳製品

バター、脱脂粉乳：将来の見直し

プロセス・チーズ及びシュレッド用原料ナチュラル・チーズ：一定量の国産品使用要件を満たすことを条件にして関税割当

プロセス・チーズ用：四〇〇〇トン↓二万トン（二〇年間かけて拡大）

シュレッドチーズ用：一〇〇〇トン↓五〇〇〇トン（一〇年間かけて拡大）

プロセス・チーズ等：関税割当を導入

〈枠内の取り扱い〉

・プロセス・チーズ：五〇トン→一〇〇トン（一〇年間かけて拡大）（枠内税率は一〇年間かけて枠外税率の半分に削減）
・おろし及び粉チーズ：二〇〇トン→一〇〇〇トン（一〇年間かけて拡大）（枠内税率は一〇年間かけて枠外税率の三割～半分に削減）
・フローズンヨーグルト：一〇〇トン→二〇〇トン（一〇年間かけて拡大）（枠内税率は一〇年間かけて枠外税率の半分に削減）
・アイスクリーム：一八〇トン→二〇〇〇トン（一〇年間かけて拡大）（枠内税率は一〇年間かけて枠外税率の半分に削減）
・ブルーチーズ：一〇年間かけて関税を二割削減

〇砂糖

一般粗糖、精製糖：将来の見直し
高糖度粗糖：精製糖製造用について一般粗糖と同様に無税とし、調整金水準は糖度に応じた水準に設定

〇その他の品目

・南マグロの輸入関税を一〇年間かけて今の三・五パーセントを段階的にゼロに。
・オレンジに関しても一年のうち六～九月の四か月間について現行の一六パーセントを一〇年間かけて撤廃。国内のミカンが出回る一～五月と一〇～一二月に関しては現行の税率を

維持
・ビールの原料になる麦芽は新たに輸入枠を設けた上で一定量を無税
・輸入枠を設けて一〇パーセントの関税をかけているソラ豆、落花生も、枠内関税を一〇年間で撤廃
・缶詰商品は無税化
○他の関心品目についても、国内産業等へ悪影響を及ぼさない範囲で豪側と一定の合意をする。

二　食糧供給章

（一）　輸出規制

①　重要な食糧について、輸出国内の生産が不足した場合にも輸出規制を新設、維持しないように努める。＊本協定における「重要な食糧」とは、牛肉（くず肉含む）、粉乳・バター・チーズ等の乳製品、小麦・大麦、砂糖を指す。

②　一方の締約国が、輸出国内で生産が不足した場合に行うＧＡＴＴ第一一条二で認められる輸出規制を適用しようとする場合には、以下のとおりとする。
・当該輸出規制を必要な範囲に限定するよう努める。
・当該輸出規制を適用する前に、できる限り早く当該輸出規制を行う理由、当該輸出規制

の性質及び予定適用期間を通報する。
・他方の締約国の要請により、当該輸出規制に関する協議を行う。
③　この協定の発効日から一〇年後に、重要な食糧の輸出規制の導入・維持を回避する観点から、本条の規定について見直しを行う。
（二）　投資の促進及び円滑化
両締約国は、食糧分野の投資を促進するため、関連する情報の照会・提供を行うコンタクト・ポイントを指定する。
（三）　食糧供給に関する協議
①　一方の締約国は、重要な食糧の輸出量について著しい減少が予見される場合には、他方の締約国に速やかに通報する。
②　両締約国は、重要な食糧の安定的な貿易を支援するとの観点から、①にいう事項に関し協議を行う。この協議には、必要に応じて民間団体を参加させることができる。
（以上日本の農水省発表から）

右記のとおり米は除外され、小麦、バター、脱脂粉乳、砂糖などの重要品目に関しては今後さらに交渉を続けていくことになる。今回合意された日豪自由貿易協定で牛肉などの輸入関税の段階的な削減、乳製品の特別輸入枠の創設、無税化では日本農業が懸念されたような壊滅的な影響は受けないであろう。

ここで過去の自由化による影響を牛肉について検証してみると、牛肉が自由化されて二〇年以上経過した。二〇年前に約二三万戸あった肉牛農家の数は、二〇一〇年には約七万戸に激減した。しかし国内の牛肉生産量は、五五万トンから五一万トンに微減、国内の流通シェアも五〇パーセントから四五パーセント程度に減少したに過ぎない。これは輸入自由化されたとはいえ、依然三八・五パーセントという高い輸入関税が存在することが一因である。もちろん肉牛農家によるブランド化、大規模化などによる国際競争力の改善も寄与している。

今回の日豪合意を受けて長期にわたって輸入関税を段階的に引き下げることになったので、輸入牛肉と競合する乳牛のうち肥育にまわっているオス去勢牛肉は多少なりとも影響を受けるだろう。またアメリカ産牛肉が不利な立場になりオーストラリア産に市場を奪われることにもなろう。アメリカ産牛肉を使っている牛丼チェーン店がオーストラリア産に替えることも想定される。消費者にとっては牛肉、チーズなどの小売価格が少しは下がりメリットがあるだろう。しかし現在進行中のTPP日米協議の中で報道されているように、牛肉の輸入関税を即二〇パーセント前後の削減で合意ということになると、その影響は厳しいものになるだろうが、セーフガードの導入でその影響も軽減されるだろう。

日本は重要農産物に関して手厚い農業保護政策を取っている。そのうち重要な部分を占める調整金は、輸入農産物に課せられており、国内価格と輸入価格が同等になるよう調整されている。またそれによって徴収された財源は、国内農家を保護するための補助金などとして予算化されている。この調整金に関してその一例を乳製品で見てみると次のようになる。

乳製品は特別措置法で一部指定品目が国家貿易管理品目となっている。ウルグアイ・ラウンド交渉の結果として、日本はバター、脱脂粉乳等の輸入につきミニマム・アクセスを満たすことが要求されている。この指定乳製品については農畜産業振興機構が輸入を一元的に行っており、輸入する指定乳製品等の品目別数量、時期などについて、毎年度国内の指定乳製品の需給・価格動向等を勘案しながら決定している。指定乳製品は同機構が一度輸入業者から当該製品を買い入れ、調整金を上乗せした上で再度売り渡すという方式が採られている。

たとえばバターについて、カレント・アクセス輸入分である八六〇〇トンに関しては一次税率の関税は三五パーセントで、その上に調整金（マークアップ）として一キログラム当たり八〇六円を徴収して業界に売り渡す。同機構から特別に許可された関税割当の輸入に関しては一次税率が三五パーセントだが、その割当量を超える、つまり自由に輸入すると、二次関税は実質三六〇パーセント以上の輸入関税率となる。これでは輸入価格が高くなりすぎて現実問題として実質的には輸入できないので、国内の酪農家を保護していることになる。

同機構がミニマム・アクセスで輸入したバターを業界向けに売り渡す価格は、輸入原価（ＣＩＦ価格）の三倍以上になる。これは小売価格を押し上げ、最終的には消費者の負担となるものである。オーストラリアを訪問してチーズやバターを買った経験のある人は、そこでの値段と日本での値段が大きく違い、日本製品があまりにも高いことを思い知らされたことだろう。また高関税をかけることによって、輸入品の取引が阻害され、需要と供給のミスマッチが起こる。このためバター不足という事態が起こる原因にもなる。さらに乳製品はＷＴＯ農業協定の特別セーフガードの対象品目で、基準となる輸入数量・輸入価格を超えた場合には自動的に関税引き上げが可能となっている。このように関税割当制度、二次関税制度、調整金制度の維持を前提としている限り、輸入関税だけを撤廃しても国内価格への影響は限られる。

オーストラリアの乳製品産業と日本の業者との関係は、最近大変緊密になっている。たとえば、オーストラリア最大の乳飲料メーカーであるナショナルフーズはキリンフードの傘下にあり、雪印オーストラリアは大規模な乳幼児用粉ミルクの工場を所有し操業している。またＪＴ（日本たばこ）も乳製品を含めたオーストラリアの食品加工会社を多く傘下に持っている。オーストラリアは日豪協力で乳製品に対する厳しい日本の輸入需要に対応できるよう、積極的に食品安全プログラムを導入し、安全な食品を日本市場に提供している。

今までに何度か紹介したように、われわれの飲んでいるビールの原料は麦芽であるが、その大部分を輸入している。この商品には関税割当制度が適用になり、国内需要見込み数量から国内生産見込み数量を差し引いた数量の輸入に対して、関税一次税率が無税とされているが、この数量を超えるものには二次関税（トン当たり二万一三〇〇円）が適用されている。この制度の一次関税率適用にあたっては、国内需要の約七パーセントを占める国産ビール大麦の購入が前提とされており、ビールメーカーにとっては、コストが輸入麦芽の約五倍となる高価格の国産ビール大麦の購入が実質的に義務付けられているのだが今回の合意で緩和される。

われわれの食生活に欠かせない砂糖も、日本の需要の七〇パーセント以上を輸入に頼っている。そのうち豪州からは四〇パーセント以上が輸入されており、豪州からの粗糖価格は日本の港渡しで一キロ当たり五〇円前後である。日本のサトウキビやテンサイ農家は約三万戸で、総需要の二八パーセントほどを賄っているが、日本での粗糖価格は豪州産の三倍以上である。だから日本の生産農家を保護するために何重もの施策が取られている。異常に高い輸入関税、国内製糖メーカーに課している調整金、国の補助金などで生産農家を保護しているのである。

このように手厚い農業保護政策が実施されている間は、今回合意された一次関税の段階的削減、撤廃だけでは、国内流通価格に大きな影響は及ばない。

しかし将来日本の国内農業保護政策まで見直しの対象となり、削減、廃止ということになれば、乳製品、牛肉、小麦、大麦、砂糖、雑穀など、これらの生産に従事する農家、事業は壊滅的な影響を受ける可能性がある。特に輸入品と差別化できない産品、たとえば、砂糖、小麦、大麦などはその可能性が大きい。しかし豪州サイドが望んでいることは農産品にかけられている輸入関税を最終的にゼロにすることである。それ以外のことは日本の国内政策であるという考えである。

一連の農業保護政策は、裏を返せば、メーカーの原料調達の融通性を制限し、消費者にその負担を押し付け、国際市場における価格競争のメリットが享受できないということにほかならない。先進国の中で日本で生産された農産物が飛びぬけて高いということは現実的ではない。すでに重要品目の価格差を指摘したが、これを是正する努力が要請される。

また、農産品、食糧の輸入に関しては、両国政府間でまだ十分に調整されていない動物検疫、植物防疫上の制約が存在する。検査方法、条件、証明書などでオーストラリア側に不満が存在するのである。日本とオーストラリアは世界の中でも動・植物防疫には大変厳しい国ではあるが、一層の相互開放、相互認証努力が期待される。

さらに加工食品の輸入に関しても、日本の食品衛生法での不要な規制や制約が指摘されている。両国で使用が規定されている色素、保存剤などの食品添加物に関しても両国でさらに議論を進める必要がある。

日本の食品添加物指定手続きには、詳細な試験データの提出が要求されるが、これには大変な時間と費用がかかる。また輸入食品の賞味期限の表示方法などにも融通性がない。これらは非関税障壁であると批判されている。これらの問題をすべて満足いく状態にするための努力が引き続き要求される。さもないと仮に自由貿易協定が発効しても、商品の相互流通が期待したようには十分スムーズに行われないことも生じ、相互互恵の効果が享受できなくなる。

どちらにせよ日本の戦略的パートナーとしてのオーストラリアの位置付けが、今後さらに高まっていくことに疑いの余地はない。

繰り返し強調しているように、日本は今後とも食糧、鉱山・エネルギー資源の安定確保を確実にしなくてはならない。これは国の産業、国民生活を維持、発展させるためには不可欠なことである。そのために環太平洋地域で最大の、しかもオールラウンドの資源輸出大国であるオーストラリアと、今後とも戦略的な互恵関係を構築しなくてはならない。しかしこの事情はアジア諸国に共通することで、日本はオーストラリアに対してこれらのアジア諸国と同等ないしは優位な立場に立たねばならない。そのためには、今回同意された案件をさらに進展させるために鋭意努力していかねばならない。

オーストラリアはすでにニュージーランド（一九八三年発効）、アセアン諸国、シンガポール（二〇〇三年発効）、タイ（二〇〇五年発効）アメリカ（二〇〇五年発効）などと自由貿易協定を締結している。二〇一〇年早々、アセアン諸国とオーストラリア・ニュージーランドとの自由貿易協定が発効した。この協定により、オーストラリアの通商の約一五パーセント、輸出の四〇パーセント以上を占め、急成長をしている東南アジアの一〇か国（ブルネイ、カンボジア、ラオス、ベトナム、フィリピン、タイ、マレーシア、ミャンマー、シンガポール、インドネシア）、人口六億人、国民総生産三〇〇兆円の市場が開放された。円グラフ（図9）で分かるようにオーストラリアの全輸出の七〇パーセントはすでにアジア向けである。この傾向は将来さらに強くなるであろう。

オーストラリアは、すでに触れたように、日本の最大競合国である中国とは二〇〇五年から、

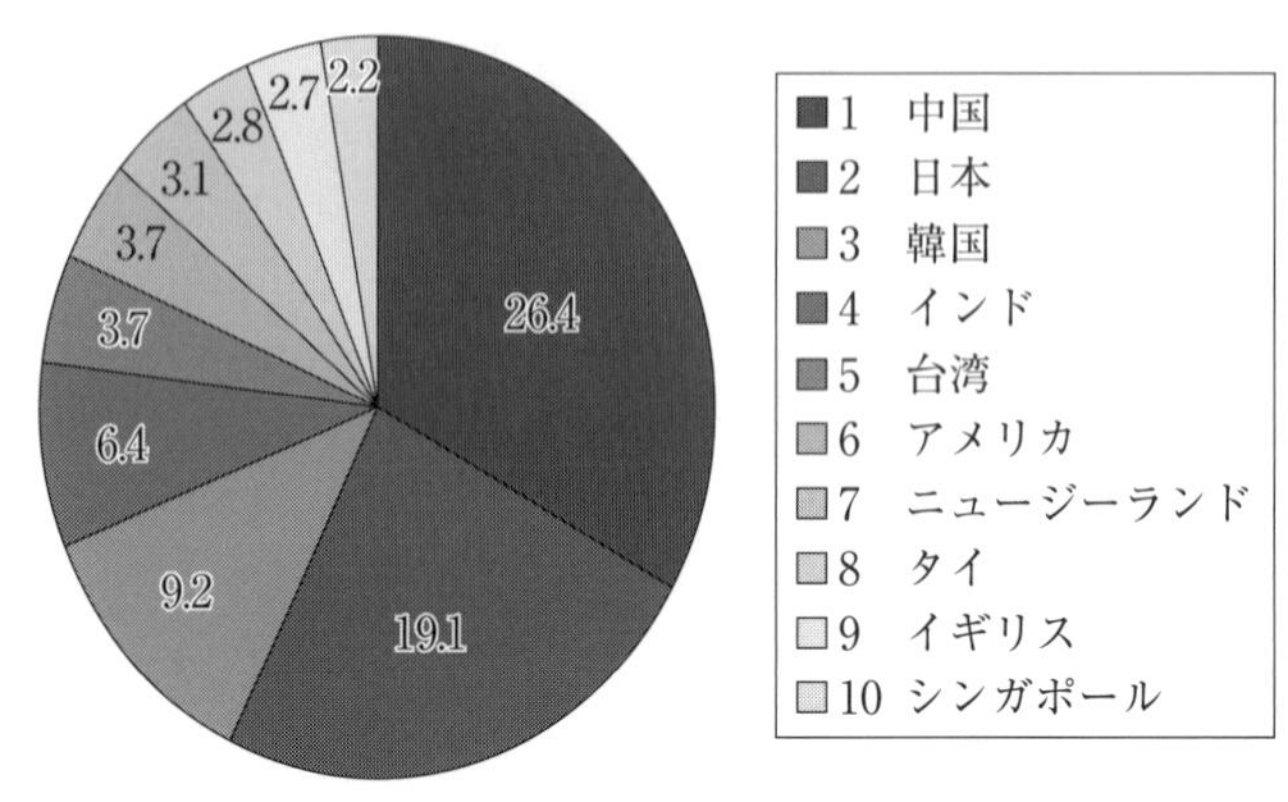

図９　豪州の輸出先国トップテン
（豪州統計局輸出統計から作成）

韓国とは二〇〇九年から自由貿易協定締結の交渉を着実に進めた。この結果、韓国とは二〇一三年に、また中国とは自由貿易協定を二〇一四年に締結した。

世界の資源、食糧需要はますます増加してくる。特にアジアにおいての食糧、鉱山資源需要に対する圧迫は強くなり、各国は資源確保のためいまやアジアの一員である資源輸出大国、オーストラリアとより親密な経済関係を結ぶ最大限の努力をいとわないであろう。

日本といろいろな分野で競合する韓国は、すでにアメリカとの間でも自由貿易協定を締結していることはすでに触れた。この結果韓国製品に対する輸入関税撤廃が、日本製品を不利にしている。また日本と競合しているヨーロッパ市場での優位性を獲得するために、最近ヨーロッパ連合とも自由貿易協定を締結した。この結果ここ数年の間に韓国からヨーロッパ市場への商品の輸入関税が無税になるので、今まで日本が韓国と競争して輸出していた自動車、機械、ハイテク商品などで韓国にその市場を奪われる可能性が高くなる。日本と韓国は同じような輸出立国で、海外から原料を輸入してそれを加工、製品化して海外に輸出する。日本と韓国は今後世界市場で熾烈な市場確保の戦いに直面する。両国の輸出に関する対米依存度は高い。韓国がアメリカとの自由貿易協定を締結したことは、対米市場で韓国が一歩抜きんでたということに他ならない。交渉の焦点となったのは自動車と農畜産物だが、自動車では輸入関税の相互撤廃（米国は現行の二・五パーセントを、韓国は現行八パーセントをそれぞれ五年後に全廃）に合意した。また韓国は米は自由化の対象外としたものの、現行四〇パーセントの牛肉の輸入関税を今後一五年をかけて撤廃するとしたほか、オレンジ、リンゴ、豚肉など多くの農畜産物でも五～一五年後の関税撤廃に合意した。

これと比較すると今回の日豪合意は日本の農業にとってまだ緩やかな開放で、日本農業が構造改革を断行して競争力をつけ生き延びるための時間が与えられたといえる。

三　食の安全が脅かされる

食糧の輸入自由化が促進されれば、それだけ輸入食糧が増える。国産食糧はいろいろな面で監視や安全対策が実行されている。しかし自由化した対象国、地域からやってくる食糧は、どのように生産され管理されて出荷・搬送されるかは定かではない。相手の顔が見えないし、動植物検疫措置、食品安全基準、農産物生産システムなどは国によって異なる。

加えて問題なのは、国民の知らないところで自由貿易促進という大義のもと関係国間との政治的な駆け引きが進行し、一部では非関税障壁といわれるが国民の安全と健康を守るために設定されている食品検査・検疫内容の見直しなどが決められることである。

自由貿易交渉や経済連携協定では単に輸入関税の撤廃、自由化について交渉するだけではない。貿易手続きの簡素化、食品安全基準、動植物検疫、食品規格なども含まれる。この影響で日本の輸入食品の手続きや検査が緩和されたり、輸出国の思惑に譲歩したりするため国内の制度や法律などにも影響が及ぶことになる。

現在進行中のTPPで、アメリカとの二国間協議の中でこのような駆け引きが行われているのである。食の安全に対する脅威が増す。TPP交渉でアメリカが日本の安全基準は貿易障害、非関税障壁だとし、食品衛生検査の緩和、残留農薬、食品添加剤の許容基準の緩和などを強く要求している。たとえば以下のような事案が含まれる。

＊　アメリカからの輸入が多いかんきつ類などに使用される農薬（防カビ剤）に関しての規制緩和、使用拡大、残留農薬検査で実施されているポジティブリスト制の変更。

＊　アメリカ牛肉、牛肉製品の輸入はBSE発生の後遺症としてこれまで二〇か月歳以下のものに限定されていたのが、二〇一三年にアメリカの執拗な要請で三〇か月歳までの牛肉の輸入を認めた。今回はこの制限を完全に撤廃することを要求。

＊　米国産冷凍フライドポテトや加工食品についての大腸菌の基準が厳しいので日本に輸出できないと不満を訴えている。ここでもアメリカでの適用をベースに基準値の緩和を要求。

＊　アメリカでは遺伝子組み換え食品の表示義務はない。遺伝子組み換え食品表示廃止など食品の表示制度の見直しを要求。日本では遺伝子組み換え食品が五パーセント以上混入している場合は表示義務がある。

＊　ＴＰＰでは企業がその利益が損なわれたという理由で国を告訴できることも交渉ごとになっている。だからアメリカの遺伝子組み換え企業が「表示義務が利益を阻害する」と関係国を訴える可能性も生じる。

＊　アメリカでは食糧の放射線照射は一般的に行われている。日本でもこれを認めるよう要求。

＊　アメリカでは食品添加物として三〇〇〇種類以上が登録されその使用が認められているが、日本ではその半分である。米国で認められている食品添加物で日本で認められていない食品添加物を使った加工食品は、食品衛生法違反として日本への輸入は認められていない。そのためアメリカ政府は日本政府に対して、米国で使われていて日本で使用が認められていない食品添加物の審査・認可を一刻も早くするように圧力をかけている。

＊　アメリカでは規制が緩やかな食品の残留化学物質、成長ホルモン、抗生物質などの許容基準の緩和。

アメリカでは遺伝子組み換えの成長ホルモンを乳牛に注射して生産量の増加を図っている。

このホルモンが乳がんや前立腺がんの発生率を高めるという医学的検証がでてきて、ユーザーの中にはこの乳を取り扱わない店が増えている。しかし認可もされていない日本には、アメリカからの乳製品輸入によって日本に素通りで入ってきて、日本の消費者はそれを知らずに食べているのである。

日米協議の過程ではその交渉、協議内容は公開されていないので具体的には知ることができないが、アメリカ議会での関係者の発言やアメリカ政府が公開している報告書などから判断すると、これまで列挙したアメリカの要求が事実からそんなにかけ離れたものではないと確信する。

いままでにも牛肉の輸入に関する月齢制限が緩和されたり、輸入食品の「製造年月日」が非関税障壁に当たるとして廃止されたことなどは、アメリカが圧力をかけ勝ち取った結果のほんの一部である。加えてTPP加盟国は貨物が到着後四八時間以内に通関させることを義務付けているが、財務省調査によると日本では海上貨物の輸入手続きに平均して六二・四時間かけている。しかしこれを四八時間に短縮するということは、通関手続きを簡素化しても現在の食品検査や動植物検疫体制を大幅に変更しなければ実現できない。これは検査手続きや基準の緩和につながり、日本の農林水産業や食の安全が大きく脅かされることになる。

TPPの危険な側面は「食の安全」に米国基準を押しつけるということで、アメリカ政府が声を高らかにして主張する「貿易障害」「非関税障壁」は、われわれにとっての「食の安全」

を守る大事な砦だということを忘れてはならない。

もちろんアメリカとの交渉だけでなく日本が各国と進めている経済連携協定、自由貿易協定交渉にはこのあたりの協議も含まれてくる。ものの移動が一層自由になればなるほど規制や制度の見直しが強く求められる。世界の中では食品衛生、動植物検疫に厳しい日本ではあるが、今後の交渉で外交的圧力がかかり日本の厳しい制度や基準が緩和されれば食の安全が脅かされる事態にも発展しかねない。政府は民主主義的な情報開示を実施し、消費者はその情報を吟味し何がどうなるかをよく認識しなくては食の安全が確保できない。

第七章　食糧危機の回避

一　食糧危機を回避するには

これまでに食糧危機を引き起こすさまざまな要因について考えてきた。金があればなんでも買える時代は過ぎた。今までは「安い」「安全」「安定」を輸入食糧に求め、それが何とか可能であった。しかし今これら三つの重要な条件が変わり始めた。「安い」価格が「高い」に、「安全」な品質が「危険」に、そして「安定」供給が「不確実」になっている。食の安全保障が問われている。日本だけで解決できる問題ではないが、将来起こりうる食糧危機に対するできるだけの備えが緊急に求められている。

一方ではすでに触れた飽食の時代、その結果として日本は毎年約二〇〇〇万トンの食糧を廃棄しており、これは日本が輸入している食糧全体の三分の一に当たる。食糧廃棄の削減により輸入食品も減らすことができるし、食糧自給の向上にも役に立つ。一般家庭、企業を含め全国民的な廃棄量削減・再利用目標を高く設定して努力していかねばならない。この問題に鋭意対処することも食糧安全保障問題の改善に寄与する。

それでは食糧危機を回避するための考えの一部を以下に紹介する。これらはあくまでアイデアであるので、実行するための経済的・物理的実現性については深く掘り下げて検討する必要がある。

・まずは緊急時に備え、食糧の備蓄を量と品目で拡大することである。今のところ政府の食糧備蓄は米、小麦、大豆、飼料などに限定されており、備蓄量も一〜二・五か月分で民間の在庫を含めても三か月強である。せめてヨーロッパ各国の六か月〜一年分の備蓄レベルにすることが望まれる。石油に関しては現在政府と民間を合わせると約六か月の備蓄がある。

・農作物の栽培に不可欠な肥料に関しても、海外では公的備蓄制度をすでに導入している国が増えている。特に肥料の三大要素のうちほとんど輸入に依存しているリンとカリの備蓄制度を整備すべきである。

・緊急時の食糧調達に備えて食糧ファンドを創設し、緊急輸入をスムーズに実行できるよう制度化すべきである。海外での農地の獲得や関係諸国との協働事業にも使えるようにする。この際、新植民地主義だと批判されないよう十分配慮する。
・自由貿易協定などの早期締結により、長期に安定した食糧確保を確実にする。
・必要性を認識している諸国と東アジアでの食糧共同備蓄を進める。
・化学肥料や農薬の使用を削減する制度やノウハウを構築する。有機栽培や無農薬栽培の促進をインセンティブを導入し強化する。
・国内の食糧生産を維持、拡大するために私企業の参入を一層奨励する。
・農漁業の後継者教育に対する手厚い政府援助、コミュニティーネットワークの再構築を図る。
・国内市場における流通ファンドを創設し緊急時の物流を確保する。同時に農業の六次産業化をサポートする。
・食育啓蒙の徹底を目指す。これにより食糧廃棄、安全問題に対する実質的な成果を上げる。

ここに紹介したアイデアはすでにその一部が検討され、部分的に実施されているものもある。またこれ以外にもさまざまな考えやアイデアがあるだろうが実現可能なものから順次急いで進めることが大切で

表３　世界の食糧価格の上昇

	食肉	乳製品	シリアル	油脂	砂糖
2000 年	94	95	85	68	116
2005 年	113	135	103	104	140
2010 年	142	208	238	263	398

（国連食糧農業機関）

ある。

このところ食糧価格が急激に上昇している。国連食糧農業機関が世界の主な食糧価格を二〇〇三年を一〇〇としてインデックスを発表している。表3で分かるように一〇年間に軒並み一・五～四倍に上昇している。その理由として次のような長期的な原因を挙げている。

＊エネルギー安全保障や気候変動に関する観点から、バイオ燃料に使う穀物の需要が増大している。
＊所得が増え消費性向が変わり、穀物を大量に使用する食肉や乳製品の需要が伸びている。
＊発展途上国での人口増で食糧需要の拡大が続いている。
＊発展途上国における農業投資が欠乏している。
＊先進国での農業に対する過分な補助金が、食糧生産の増加や生産性の向上を妨げている。
＊燃料、資材、肥料などの生産・加工・物流コストが上昇している。
＊投機筋が穀物相場を上昇操作している。
＊食糧備蓄が世界的に減っている。

二　食糧争奪戦を生き抜く

世界の食糧事情は切迫している。どの国においても食糧を安定的にかつ長期に安心して確保することが国の最重要政策である。特に日本のように自給率が極端に低い国は、一層食糧確保に関して真摯な覚悟で取り組まねばならない。しかし、国内での食糧生産を急に増加させることはかなわない。栽培農地の減少、高い生産コスト、生産者の高齢化、農産品貿易自由化の強い波などが主な原因である。それで海外から食糧を確保しなくてはならない。

世界の人口は増加を続け、現在七〇億人の人口が二〇五〇年には九〇億人を突破すると予測されている。特にアフリカやアジア地域で急増する人口を養う食糧生産が追いつかない状況であり、巷では食糧危機が叫ばれている。現実問題として八億人が飢餓状況で苦しみ、毎年五〇〇〇万人以上の子供が餓死していると国連食糧農業機関が報告している。この事実は人類に迫り来る危機である。

一方では食糧供給におけるひずみやゆがみが存在している。すでに触れたように日本や先進国では飽食の時代、そのつけとしての肥満の急増が緊迫した社会問題になっている。アメリカでは肥満率が人口の三五パーセントに達している事実を知れば当然である。

また廃棄食糧の膨大さがクローズアップされている。食糧が余っている先進国から、食糧が欠乏している途上国に食糧が効率よく移動していない。世界人口の約一五パーセントを占める先進国に世界の穀物の約三〇パーセントが集まり、世界人口の約七八パーセントを占める途上国には約六〇パーセントの穀物しか集まっていないことがそれをよく物語っている。そしてこの傾向がこの地域での急激な人口増と相まって拡大する恐れがある。

加えて世界の食糧を牛耳っているひと握りのコングロマリットが存在する。代表的な多国籍企業としてアメリカのカーギル、ＡＤＭ、コナグラ、オランダのブンゲ、スイスのネスレ、フランスのドレイファスなどであるが、企業経営優先の結果、望まれる食糧の分配・移動が行われていない。

またグローバライゼーション、貿易の自由化が進められ投機マネーが参入することによって、穀物価格が投機筋によって支配される。穀物のバイオエタノール化によって食糧の逼迫感が強まる。巨大食糧メジャーはこれらの条件を利用し投機的な取引を進め、食糧危機を人為的に拡大しながら利益を上げている。さらに多国籍企業の持つバイオ技術などによる生産技術支配が拡大し、世界的に遺伝子組み換え食品の支配力が強まる。

食糧メジャーの国際市場支配の主な戦略は、次のとおりである。

・貿易量のシェアを握ることで価格統制を図り利益を得る。
・流通拠点を独占し、生産者側もコントロールする。
・ＷＴＯなどの国際機関に市場自由化政策を推進させ、その結果食糧自給を崩壊させて各国の市場に食い込む。

ちなみに世界最大の食糧コングロマリットのカーギル社は、次のよう事業を世界規模で展開している。穀物、飼料と食肉、果汁・果物・野菜、綿花・ピーナッツ、肥料、種子、塩、砂糖などの生産、加工、保管、販売などに従事する一方で、金融、保険、運輸などの事業も営んでいる。そして世界六三か国でビジネスを展開しており、取引額は年一〇兆円を超えている。特に穀物に関しては世界の四〇パーセントを取り仕切っているといわれている。

穀物生産大国であるアメリカ、カナダ、アルゼンチン、ブラジル、オーストラリアなどでこのところ干ばつが頻繁に発生し、穀物生産に大きな影響がでている。これらの国が世界の穀物需要に応えられなくなったらどうなるのだろう。食糧自給率が極端に低く輸入に依存している日本は、最初に厳しい現実を甘受せざるを得ないだろう。

二〇一〇年、中国政府の農業副大臣が今後の中国の食糧需要に関して、一層のプレッシャーがかかることを認めた。中国の人口は二〇〇〇〜二〇一二年の間に年間平均七二〇万人ずつ増加した。増え続ける人口を養うために、二〇一五年までの五年間に穀物四〇〇万トン、植物油八〇万トンと食肉一〇〇〇万トンが毎年余分に必要であると発言をした。一般的に中国は食糧輸出国のイメージが強いが、天然資源同様すでに食糧の輸入大国になっている。実際にはこの需要予測をはるかに上回る量の輸入をしている。

たとえば牛肉の需要に関して、中国の一人当の消費量は年間四キログラムで今後急速に増え

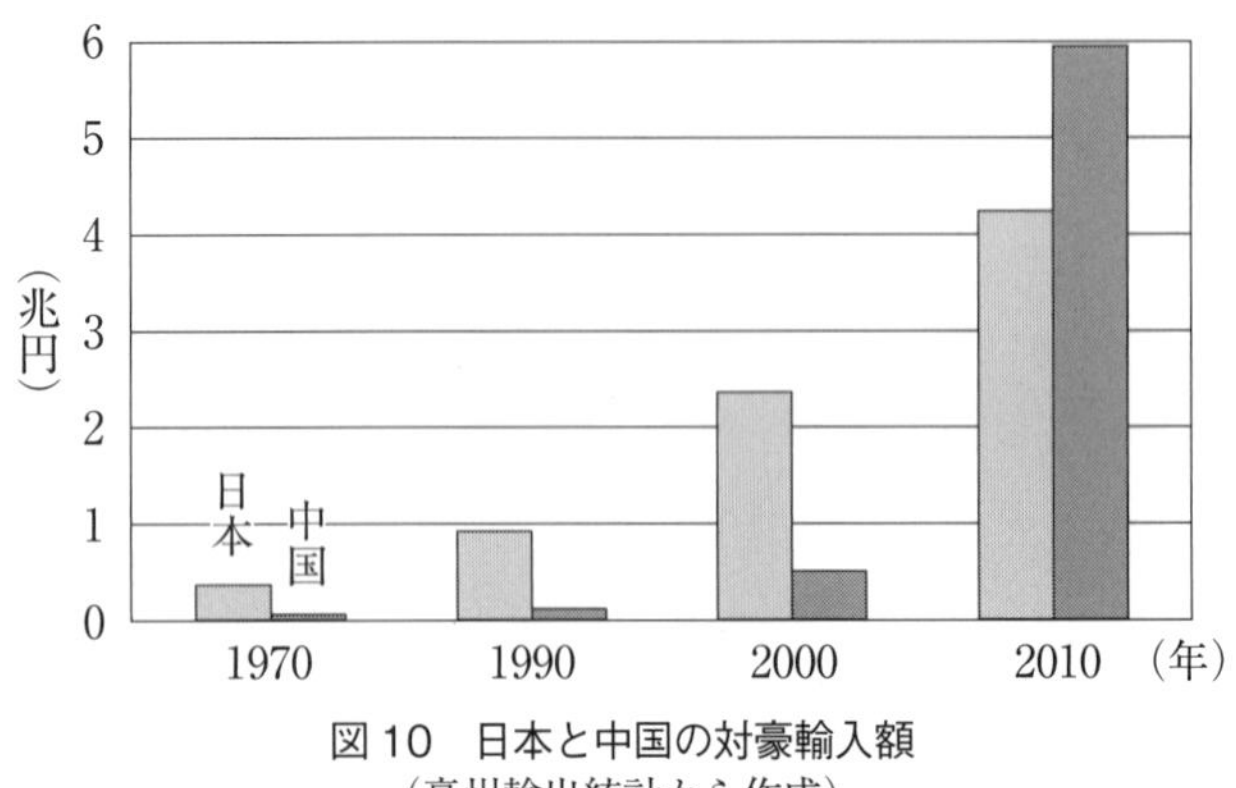

図10　日本と中国の対豪輸入額
(豪州輸出統計から作成)

ると予測されている。消費量が仮に日本と同等になった場合（年一〇キログラム）、単純計算（人口一三億×六キログラム）で年間七八〇万トン以上の新規需要が発生する。主要牛肉輸出国一〇か国の年間輸出量が二〇一二年で七四二万トンであったので、この値はそれに匹敵する巨大な数量である。現在アメリカとオーストラリアの輸出量を合わせても一五〇万トンであるので、この数字がいかに途方もなく大きいか分かる。

この傾向は、ほかのアジア諸国でも同じである。そしてその多くの部分をオーストラリアから確保しようとしているので、重要品目の多くをオーストラリアに依存している日本の食糧確保に致命的な影響を及ぼす可能性がある。アジア諸国の経済発展に従って食の西洋化が進み、そのために必要な食糧需要もこれに拍車をかけている。この分野においてもアジア諸国のオーストラリアへの進出はここ数年盛んになっている。

その一つの例として砂糖について考えてみる。オーストラリアは世界でも最大級の粗糖輸出国である。日本は砂糖の原料になる粗糖の供給の多くを、半世紀にわたりオーストラリアに依存してきたことはすでに述べた。中国はこの粗糖生産事業の買収をここ数年執拗に追い求めている。それは、食糧需要膨張のため砂糖の供給を確保することは、中国にとって最重要政策のひとつになっているからである。二〇一〇年オーストラリア最大の粗糖精製会社の買収では、終局的にシンガポールのアグリビジネス会社に横取りされた経験がある。この会社はクイーンズランド州に七か所の精製拠点を所有しているオーストラリア最大の砂糖会社である。この買収劇に敗退した中国はあきらめず、その後二〇一一年の七月になってオーストラリア五番目の粗糖精製会社を一三六億円で買収し、さらに最後に残った地元の粗糖精製協同組合を一二〇億円で買収する作業を実行した。この結果オーストラリアの粗糖生産は、シンガポール企業と中国企業により支配されることになった。このため日本の粗糖確保に黄信号が灯り始めていること、また供給元の外資寡占状態の影響で価格が高騰していることを認識すべきである。そして、将来的にこの価格高騰が、資源確保を難しくするとともに、高い食糧価格が商品に転嫁され消費者が負担をすることになる。「安い」「安定」の食糧確保が「高い」「不安定」なものになってくるのである。

中国の直接投資は食糧分野において、小額の企業買収、資本参加、合弁などを進めてきた。ところが今後は積極的かつ大胆にアグリビジネス、食品加工のみならず、物流事業、品質検査、R＆D機関への直接投資を進めてくるであろう。投資金額もそれに従って巨大化していくと思われる。

もちろん韓国、タイ、シンガポール、マレーシアなどが、この分野でも直接投資に参入している。そして過去には投資案件も少なく、金額も比較的小額なものが主であったが、中国と同様最近は件数も多くなり金額も巨大化している。アジア諸国による貿易、投資の拡大はこの一〇年の間に急速に進展した。そして特に過去三年間に、これらの国の対豪直接投資が脅威的に進んでいるのである。日本は半世紀の年月をかけ強靭な日豪関係を作り上げてきたが、アジア諸国はもっと短い期間に、猛烈なスピードで対豪関係を構築しているのである。そしてこの傾向がこれからの数年、いやもっと長い間継続し発展していくであろう。

これらのアジア諸国は、食糧を確保し引き続き経済発展を遂げるための鍵をオーストラリアが握っていることを十分に認識している。このところ積極的に国を挙げてオーストラリアに接近している事実を知ればよく分かる。そして、オーストラリアとの間に自由貿易協定、経済連携協定を締結する作業を進めているのである。タイ、シンガポール、韓国、アセアン諸国はすでに豪州との間で自由貿易協定を結び発効させている。

このことによってオーストラリアからこれらの国々に輸出される商品に対する関税は基本的にゼロになり、対日本と比較して有利になる。つまり日本はアジア諸国より高い買い物をしなければならない状況に立たされるということである。また日本が資源供給リスク軽減のために供給元の多様化を図ると同じく、オーストラリアも売り手市場の状況にある資源の供給先を多様化することを目指しているのである。このような事情で日本の資源確保はすでに厳しい競争に直面している。

豪州は現在マレーシア、インドネシア、インドなどとも自由貿易協定締結に向けての作業をしている現状を鑑みると、今後さらに厳しさを増すことは自明である。オーストラリアはアジア・地域において最も進んだ自由経済を推し進め、外資導入も積極的に奨励している。オーストラリアに移住する半分以上がアジアからの移民である。オーストラリアはすでにアジアの一部であり、近い将来その傾向がもっと強くなるであろう。アジアからの人・もの・金の流入がどんどん多くなる。日本は今までの資源確保に関する意識改革を早急に図り、半世紀かけて築き上げてきた緊密な互恵関係をさらに発展・充実させていくために日豪関係を再構築する必要がある。食糧争奪戦を生き残るための大切な手段である。

アジア諸国は、もちろんオーストラリアだけではなく、そのほかの国への進出も積極的に進めている。最近注目されているのは中国によるアフリカ進出である。中国は「国家食糧安保中長期計画綱要」で「国内企業が海外に進出し安定的な保障のある食糧の輸入システムを構築することを奨励する」という戦略を打ち出し実行している。また新華社通信の報道などによると、タンザニア、エチオピア、ケニア、スーダンなど一四か国と農業協力協定を結び、技術指導を実行したり農業関連企業を現地に設立したりして、すでに一〇〇か所以上の農地を整備し中国向けの穀物生産をはじめている。また「中国・アフリカ農業フォーラム」を開催、アフリカ大陸の多くの国の政府高官などを招聘することによって、長期的な食糧の供給地としてアフリカ諸国の抱き込みを着実に実行し成果を上げている。

いまアフリカは狙われている。中国のみならずインドのような新興国も国内需要を満たすための国内食糧生産が追いつかず、海外に供給を求めている。インドでは二〇二五年に中国を抜いて世界一の人口に達すると予測されている。すでにエチオピア、ケニア、タンザニアなどに広大な農地を獲得して生産活動に従事している。

世界の食糧メジャーもアフリカには以前から進出しており、穀物輸入国と同時に食糧供給基地として着目し食糧事業を展開、拡大させている。「外国の投資はアフリカの諸国を発展させる。最先端の農業技術が導入され、雇用が創出される。農業技術が広まれば全体の生産性も上がり購買能力も改善される。さらに外国企業は灌漑や作物の搬出のため水路、道路、港などのインフラ整備もやってくれる。アフリカの諸国を発展させたい」と目論む政策担当者にとっては願ってもないことなのである。

中国の海外進出はアフリカに限ったことではない。急増する人口の食糧需要を満たすためには多方面における食糧確保が重要である。そのために農業面積が大きい南米にも注目している。すでにアルゼンチン、ブラジル、チリ、ウルグアイなどの諸国と関係を強化し、この地域を中国用の大規模な食糧倉庫として確保しつつある。アルゼンチンの農業面積は日本の約七倍、トウモロコシの輸出量は世界第三位で、大豆の輸出量も世界第三位で、ブラジルについては農業面積が日本の一五倍、世界最大の大豆の輸出国で、トウモロコシの輸出に関しても世界第二位の農業大国である。これらの国のために道路や鉄道のインフラ整備を中国開発銀行がバックアップし、資金力にものをいわせて積極的に南米諸国の囲い込みを図っている。

韓国でもこのところ食糧安全保障の問題が深刻になっている。理由として、米国と締結した自由貿易協定の影響のため韓国農業が窮地に陥っていることがある。少し前に検証したように、この協定で米については自由化から除外されたものの、牛肉の輸入関税を一五年で撤廃するとしたほか、オレンジ、リンゴ、豚肉など多くの農畜産物で五〜一五年後の関税撤廃に合意した。これで韓国の食糧自給率が一層低下してくる。この国にとっても食糧の安全確保は最重要国策である。そのため海外で農地・食糧確保のために官民挙げて奔走している。特に一九九〇年に国交正常化がすでに成立しているロシアとは「戦略的パートナーシップ」を築き上げ、ロシア極東沿海地域での大規模な農業生産開発を進めている。世界でも一番肥沃な土地といわれているウクライナなどの中央アジア地域への進出も積極的に実行されている。もちろんアフリカも例外ではない。

日本は海外から食糧を確保することに加えて、国内生産を維持発展させることも考えなくてはならない。そのために現在の生産体制を検証すると、農業従事者の高齢化、農地の減少、高い生産コストなど問題が山積している。それぞれの問題についてここでは立ち入らず、国内の農業生産に必要不可欠な肥料の確保の問題について考えてみたい。

過去に肥料価格の高騰で農業に大きな影響を及ぼし、食糧確保に関して大きな課題が投げかけられたことを記憶している人も多いと思う。肥料の確保は深刻な現実問題として新たにクローズアップされている。

世界の人口急増や新興国の経済発展で食糧需要が膨張し、そのため食糧の増産が急務である。その結果肥料に対する需要が増え、原料のリンやレアメタルの一種であるカリウムをめぐる国際的な争奪戦がすでに起きている。食糧の生産には肥料が不可欠である。世界の人口の急増に対応するため同じ面積で多くの作物を作る必要性が一層高まる。このため肥料需要はこれから爆発的に増えるであろう。これだけでも肥料価格は高騰する素地があるが、資源の偏在もこれに拍車をかける。

窒素、リン酸とカリウムが肥料三大要素である。しかし工業的に製造できる窒素肥料以外は鉱山資源が頼りである。カリ肥料が作られるカリ鉱石はカナダ、ロシア、ベラルーシ上位三か国で世界産出量の六〇パーセント余りに達する偏在ぶりである。またリン酸肥料のもとになるリン鉱石の産出量は中国がトップで世界の三割を占め、輸出制限を強めている。これは急増する国内需要を長期的に確保するための国家戦略である。次のアメリカ、モロッコを合わせると世界全体の七〇パーセントを生産している。しかも採掘できるのは米国であと四〇年、中国で一〇〇年といわれている。過去一〇年間で価格は三倍以上に上昇している。

中国に限らず、中国に並ぶリン鉱石の生産国である米国はすでに輸出を禁止している。生産国が限られ資源量にも限度があるので国際的に品薄状態が続いており、今後さらに入手困難になれば、中国や米国以外の国も自国の農業のために禁輸措置に動く可能性もある。そうなれば、日本の農業は窮地に立たされる。

日本の農業は縮小傾向にあるとはいえ、農業生産には肥料は欠かせず、安定確保が課題である。供給国の輸出制限、資源の枯渇、鉱山での事故やストライキ、海上運送上の問題などさまざまな原因で、輸入にほとんど依存している肥料原料が日本に入って来ないことも考えられる。自給率一〇〇パーセントの食糧用米を含めすべての農作物の栽培に大きな影響を及ぼす。輸入価格の上昇が生産コストを釣り上げ、日本の農業に与えるダメージは大きい。

無農薬、有機農業はまだまだこれからの発展に期待せねばならない。日本はリン酸もカリウムも原料をすべて輸入に頼っている。肥料原料の争奪戦がすでに始まっている現状の把握と将来戦略の構築が急務である。ちなみに前述の食糧コングロマリットのカーギル社は、リン酸とカリウムの世界最大の生産者である。

このように食糧危機は、その需要・供給の是正や食の安全だけでなく、その背景、側面、底辺にある事象や要因を総合的に検証し、対策を立てて実行することが重要になる。品種改良、物流、農業投資、土地開発、天候、生産を支える肥料や農薬、飽食の時代における食教育、啓蒙などすべてが絡んでいる。行政を含めて、縦割りでなく横との連携を構築して、全国民連携の認識の上に立った政策の作成と実行が必要である。飢餓の危機を回避するために。

三　食糧の安全保障を考える

食の安全保障とは次のとおりである。
＊誰もがどこでもいつでも得ることができること
＊経済的、物理的ハンディなしに平等に得ることができること
＊継続・安定して得られること
＊どのような文化的背景にも受け入れられること
＊安全で栄養価のある、環境に優しいものであること

食糧安全保障は何も食糧を安定して長期に確保するだけではない。日本政府は食糧の安全保障とは自給率の向上、食糧の確保だと強調する。しかし「食糧の安全・安心」も含まれる食に対するさまざまな側面を包括するものである。特に現在の飽食の時代、食に対する安全性が脅かされ信頼が損なわれている。消費者は食の安全を危惧している。

食糧安全保障は国内問題にとどまらず外国との関わりを無視することができない。グローバライゼーションが進展し、世界がどんどん狭くなり国境の壁がどんどん低くなっている。人・もの・金・知的財産の移動がどんどん容易になっている。外国へのアクセスが簡単になることはすなわち外国がいつでも日本とアクセスできるということでもある。

その結果いままでにあまり体験したことのない事件も発生する。国内に存在しない病虫害や疫病の侵入、食糧テロなどは予測できないが、それに対する備えはしなくてはならない。食の安全に対する考え方、決まりには各国の事情が反映しているが、進行するグローバライゼーションにおいては違った考え方や決まりに対してどのように対処するのか問われる。時には譲歩することも必要になる。遺伝子組み換え、放射線照射、ポストハーベスト農薬、添加物などについて日本の考えだけに固執することが難しくなる。

異文化が交錯する現代社会では異なる文化や制度も理解し、受け入れなければならないケースがでてくる。このときどのような行動を取るのかで国の品格や文化の質も問われる。

貿易自由化や経済連携は今後も一層進展、進化していく。これは時代が要請する世界的な流れで、この中で孤立することはもはやできない。そうであるなら現在のシステムを固持するための政策や考えに終始するのではなく、新たな国際協調、国際協働の方策やシステム作りを真摯に考えるべきである。アジア各国との食糧争奪戦の中での協調、信頼関係の構築が必要である。その過程で、食糧資源の開発・共有、共同備蓄、食糧廃棄の削減・再利用、生産性の向上、技術開発、環境問題の改善、サプライ・チェインの再構築、食品衛生基準や制度の域内コンセンサスなどで指導力を発揮し、新たな食糧安全保障戦略を構築しなければならない。

最後に強調したいのは、死活的なパートナーであるオーストラリアとともに日本がアジアの食糧安全保障問題に積極的に取り組み貢献することである。この地域で両国は赤道を挟んで南北それぞれの端に位置し、人権の尊重、自由平等と民主主義を国是とし自由経済を共有している。半世紀以上をかけて築き上げた強靱な協力体制を再構築して、先進国としての任務を果たすためにも地域のリーダーとして十分に自覚し行動を取る時期に来ている。そのためさまざまな分野で協力、協働作業を促進すべきである。以下筆者が提案する一部を紹介する。

・貿易自由化、経済連携の促進

二〇〇七年に始まった貿易自由化協定交渉を円満に終結し、両国の関係をより強化する。二〇一四年に大まかな合意はなされたが、これからも交渉は継続する。そしてこの地域での経済連携を促進させる。日本は中韓との自由貿易協定のための交渉を進める。これらの貿易自由化協定の締結を基盤に、ＴＰＰを含めた環太平洋地域での食糧安全保障システムを確立する。終局的にはアジア太平洋自由貿易圏の確立に寄与する。

・食糧資源の開発・共有

アジア各国での食糧資源開発のために広大な土地を有するオーストラリアにアジア各国共同・共有の食糧生産開発地区を創設して、各国の食糧生産のノウハウ、技術を持ち寄りアジア地域のための食糧資源開発に貢献する。日本のＯＤＡ、オーストラリアのＡＵＳ・ＡＩＤ、国際農業研究センター、連邦科学産業研究機構（ＣＳＩＲＯ）を活用する。

・農業技術・生産性向上

戦後アジアの多くの国は人口増の中で食糧不足に悩んだ。その窮状を「緑の革命」が救った経過がある。これは品種改良、肥料、灌漑という農業技術の三点セットによって一九六〇年後半から二〇年の間に米、小麦やトウモロコシの生産を倍増させた実績である。増産には大量の化学肥料が投与され、その結果雑草の繁茂で病虫害が増えた。そのため除草剤、殺虫剤などの農薬が欠かせなくなり生産コストがかさみ、加えて環境問題を引き起こす負の面も露呈した。今後はその負の影響をださずに生産性の向上を図らねばならない。遺伝子組み換え作物の推進は選択肢の一つである。たとえば日本は生産性の高い米栽培の技術、オーストラリアは乾燥地農業技術で今後地域での生産性向上に貢献できる。

・共同備蓄

食糧危機が叫ばれている今日、それぞれの国で食糧備蓄制度が実施されているが必ずしも満足できる状況ではない。地域で共同して主要食糧備蓄の運営と管理をする必要がある。そのためにアジア開発銀行なども含め、日本、オーストラリアなどの先進国がファンド創設を先導し実現させる。

・食糧廃棄の削減と再利用

地域での食糧廃棄税を創設して廃棄量の多い国にはその分少ない国にクレジットして食糧供給を融通するようにする。また再利用度の達成度にポイント制を導入して税制上のメリットを設ける。さらには地域でのフードバンクの拡充を図る。このために両国が協力してシステム確立と運営に協力する。

・環境問題

環境の悪化が食糧事情を悪くする。特に二酸化炭素の排出による地球温暖化の影響で異常気象が頻発しており、結果として食糧生産、供給に不確実性と不安を引き起こしている。この分野でも両国が率先してリーダーシップを取るべきで、炭素税などの施策を少なくともアジア全域で積極的に導入すべきである。

・サプライ・チェインの構築

産業分野ではすでに地域での新しい協働・分業システムが構築されている。食糧・農業分野においてもアジア地域全体でシステムを確立する。北は日本から南はオーストラリアまで、それぞれの地域・国における自然環境、経済環境などを調査研究して各地域・国での食糧生産の役割分担を構築する。たとえばトウモロコシや大豆のように生産性・コスト面で日本には厳しい大規模農業は広い栽培面積が必要なオーストラリアに依存し、広大な農地が必要でない畜産や野菜などは、オーストラリアの飼料穀物を入手し集約農業により適した地域でさらに推進をする。

・食品衛生基準

少なくとも地域で食品衛生基準を統一する。途上国に対する技術・システム開発についても協力して食の安全確保に協力する。

・防疫体制

オーストラリアと日本は世界でも最も厳しい防疫制度・体制を確立している。鳥インフルエンザ、狂牛病などの家畜の伝染病の防疫体制についての連携、情報共有など地域での強化を図るための地域防疫センターの創設を実現し、世界の防疫センターとも情報交換、技術交流など緊密な連携を取る。

・食糧援助

両国で食糧安全保障担当閣僚会議を開催して共通の問題を相談し対策を検討、実施する。地域での食糧生産を推進するために対象国・地域と協力して、その規模や範囲の拡大を図る。技術指導、インフラ整備なども含め、日本は海外協力隊やODAをオーストラリアはAUS・AIDなどをフルに活用する。縦割りでなく横との連携を実現する。

・アジア共通農業政策

アセアン創設に指導的な役割を果たしたように、日本とオーストラリアが再びこのアジア地域において共通農業政策を構築するための閣僚会議を呼びかけて、域内での農業政策を構築するべきである。そのプロセスで

食糧の安全確保、緊急時の食糧確保
域内での食品衛生、防疫監視制度の確立
環境・地域保全確保
各国の農業政策の刷り合わせ、協調体制の構築
農業技術協力、援助の強化
生産性の向上、持続可能な農業
アジア食糧資源研究開発センターの開設
などの問題を議論し、共通政策の立案・実施に両国が鋭意尽力する。

以上のようなプランを実行することにより、この地域での食糧安全保障体制が構築される。そのためには、この地域での先進国である日本とオーストラリアが協力し協働する重要な使命を担っていると筆者は考える。

おわりに

飽食の時代にどっぷりと浸かっている現在、食糧危機が迫っているという実感はない。しかし終戦直後の切ない飢餓状態、食べたくても食べられない厳しい状況でなくても、いろんな意味での食糧危機が訪れる可能性は低くない。食糧危機を引き起こすさまざまな要因について詳しく検証した。需給面、経済・政治的側面、突発的な事件などを考えると少しでも危機感を持たれたのではないかと期待する。

二〇一四年にロシアはウクライナのクリミア共和国を自国に編入した。これに対してアメリカ、西洋諸国が強く非難をして制裁処置を発動するが、これに対抗するためロシアはヨーロッパ向けの天然ガスの供給を削減した。このためヨーロッパの国民生活や産業活動に厳しい影響を及ぼした。これは突発的な事件であったが、この地球上ほかの地域でもこのような事態がいつ起きても不思議ではない。それだけ世界は不確実時代に入っているのである。アジア地域においても、南シナ海における中国とフィリピン、ベトナム、東シナ海における中国、韓国と日本の領土問題、北朝鮮の核やミサイル発射実験など緊迫した問題を抱えており、食糧危機を誘発させる要因が潜んでいる。

食糧自給率の極端に低い日本は、現実問題として全体の六〇パーセント以上の食糧を海外に求めなくてはならない。輸入食品には落とし穴があるといわれて久しい。食品検査をすり抜けて国内に流通するケースが後を断たない。輸入食品の残留農薬、食品添加剤などの食品汚染、遺伝子組み換え作物、食品偽装など懸案事項がある。われわれが食べている食糧は一〇〇パーセント安全で安心できるとはいえない。そこにはリスクがある。しかし人間は生きるためには食べなくてはならない。だから提供されている選択肢の中からリスクを分析し、情報を入手していかにリスクを最小限にコントロールするかが重要で、そこには人それぞれの哲学が絡んでくる。

食の安全保障は食の自給率を高めることだけではない。安全で安心できる食をいつでも、どこでも長期にわたり公平・平等につつがなく確保することこそ食の安全保障なのである。これは一国ですべて解決できる問題ではない。食糧危機に備えるためには他国や地域との緊密な協力、協働体制を構築し確立することが重要である。

一方で、貿易の自由化は時代の要請である。各国、地域との自由貿易協定・経済連携協定の締結が進行し、国家間、地域内での壁がどんどん低くなり、人・もの・金の移動が盛んになっている。日本だけの制度や考え方に固執する時代ではなくなった。

食糧安全保障に関してはアジア地域の食糧基地であるオーストラリアの存在が大変重要である。そして赤道を挟んで南北の両端に位置し民主主義、自由経済、人権の尊重などで価値観を共有する日本とオーストラリアを中心とした地域でのリーダーシップが強く問われている。いまがまさにそのときであることを強調した。

今回、長年貿易という現場で実務を通して考えてきた食糧問題に関する著者の思いや考えを著してみた。ここで取り上げた食糧に関しては著者自身が長年取り扱ってきたもので馴染みが深い。食の安全、動物・植物検疫、食品添加物などにも実務面で直接関わりを持った。食糧問題全般を広く浅く取り扱ったのでそれぞれの分野は相当簡潔にまとめた。そのため詳細に欠けるとご批判をいただくかもしれないがご理解いただきたい。

読者にできるだけ分かりやすいように数字やグラフなどを使い、最新の統計を使用するよう努力した。中には少し古い統計を紹介したケースもあるのでご了解いただきたい。またオーストラリアの食糧統計に関して、原本はオーストラリアドルでの表示であるがすべて日本円に換算して表示した。執筆中の換算レートは一ドル九八円前後で推移していたが、分かりやすいように一オーストラリアドル一〇〇円とした。国の表示に関してはオーストラリア・豪州、アメリカ・米国などと適宜併用した。

二〇一五年二月二〇日

参考資料・書籍

・独立行政法人農畜産業振興機構
・一般社団法人Jミルクホームページ
・農林水産省食品ロス調査報告書　平成二五年
・ISAAA　遺伝子組み換え食品
・農林水産省、経済産業省食品輸入統計
・内閣府食品安全委員会
・内閣府広報室
・日本冷凍食品協会
・日本チーズ普及協会
・豪州農水林業省・統計局
・『これでわかる輸入食品の話』小倉正行　合同出版　平成一二年
・『遺伝子組み換え食品の入門』天笠啓祐　緑風出版　平成二五年
・『食料がなくなる！　本当に危ない環境問題』武田邦彦　朝日新聞出版　平成二〇年
・『輸入食品の真実！』別冊宝島編集部　宝島社　平成二〇年
・『みんなが気になる食の安全55の疑問』垣田達哉　サイエンス・アイ新書　平成二一年

・『食品汚染はなにが危ないのか』中西貴之・藤本ひろみ技術評論社　平成二一年
・『食品はどこまで安全か』川口啓明　旬報社　平成一三年
・『食害』西岡一　合同出版　昭和五九年
・『これでいいのか日本の食料』ジェームス・シンプソン　家の光協会　平成一四年
・『農業超大国　アメリカの戦略』石井勇人　新潮社　平成二五年
・『世界の農業と食糧問題』八木宏典　ナツメ社　平成二五年
・『危ない食材』渡辺雄二　日本実業出版　平成一一年
・『大人の食育百話』橋本直樹　筑紫書房　平成二三年
・『TPPで激増する危ない食品！』石堂徹生　主婦の友社　平成二五年
・「週刊文春四月一七日号」平成二六年
・『資源争奪戦時代』田中豊裕　大学教育出版　平成二四年

■著者紹介

田中　豊裕　（たなか　とよひろ）

1943年京都生まれ
大阪外国語大学で英語を学び、1966年渡豪
アデレード大学、南オーストラリア大学に留学
1967年南オーストラリア豪日協会創設、初代会長に就任
1970年オーストラリア総合商社エルダーズ社に入社後帰国
エルダーズ東京支社長補佐、大阪支店長、東京支社営業部長を歴任
1979年エルダーズ社日本法人社長に就任
2000年まで南オーストラリア州政府駐日代表、コミッショナー、南オーストラリア州観光公社日本代表を兼任
半世紀にわたり日豪貿易、経済協力、企業誘致、観光促進、文化交流に貢献
エルダーズ社では小麦、大麦、ソルガム、トウモロコシ、雑穀、綿実、雑豆、麦芽、チーズ、バター、粉乳、カゼイン、牛、馬、羊、牛肉、豚肉、羊肉、エビ、アワビ、ウナギ、マグロ、果汁、食品缶詰類、酒類、野菜・果物類、香辛料など広範囲な食糧を長年にわたり取り扱い、食糧事情、食糧安全保障問題を実務経験を通して考えてきた。
現在、大学で講師を務める傍ら、執筆活動を行っている。

主な著書
『豪州読本』2011年2月　大学教育出版
『資源争奪戦時代』2012年8月　大学教育出版

迫り来る食糧危機

―食の「安全」保障を考える―

2015年5月20日　初版第1刷発行

■著　　者――田中豊裕
■発 行 者――佐藤　守
■発 行 所――株式会社 大学教育出版
〒700-0953　岡山市南区西市855-4
電話（086）244-1268　FAX（086）246-0294
■印刷製本――モリモト印刷㈱

ISBN978－4－86429－315－0